Think Green!
Love Lohas!

자연과 사람을 공경하는
당신이 아름답습니다!

인간과 지구는 함께 살아가는 동반자입니다.
살림로하스는 개인의 건강뿐만 아니라 사회의 건강, 자연의 건강을 추구합니다.
잘 먹고 잘 사는 웰빙을 넘어 인류와 지구를 생각하는 작지만 큰 실천을 담고 있습니다.
지구도 살고 인간도 사는 로하스 라이프!
작은 습관의 변화가 큰 변화를 만들어 냅니다.

| 일러두기 |

1. 먹을거리의 기본은 맛입니다. 몸에 좋은 먹을거리도 맛이 있어야 즐겁습니다.
   살림로하스는 좋은 재료 그 자체의 맛을 살리는 최소한의 레시피로 건강한 맛을 추구합니다.

2. 모든 먹을거리는 믿을 수 있는 재료로 만든 건강한 요리여야 합니다.
   살림로하스의 모든 레시피에는 몸에 좋지 않은 것은 아무것도 넣지 않아 걱정 없이 즐길 수 있습니다.

3. 요리는 즐거워야 합니다. 레시피에 얽매이다 보면 요리가 어렵게 느껴집니다.
   재료 중 준비하기 어려운 것은 비슷한 맛이 나는 것으로 대체하거나 넣지 않아도 괜찮습니다.
   좋아하는 재료를 더 넣어도 좋습니다. 살림로하스의 레시피를 가이드라인으로 삼아
   자기만의 요리 스타일을 살려 보세요. 단 요리 초보자라면 처음에는 레시피대로 하는 것이 좋습니다.

살림Life

새콤달콤 입맛 살리는

과일식초 건강요리 49가지

김외순

새콤달콤 입맛 살리는

과일식초 건강요리 49가지

김외순

살림Life

에코人과 함께 만든 책!
먼저 읽어 봤어요!

최혜선 | 서울시 강남구 반포동

몸에 좋은 식초를 다양한 방법으로 섭취할 수 있게 도와줍니다. 각종 과일식초 만드는 법이 생각보다 어렵지 않아서 종류별로 담가 예쁜 병에 오종종 담아 놓고 싶은 생각이 들었어요. 식초가 몸에 좋은 건 알았지만 몇 가지 전통적인 초절임 말고는 활용하기가 쉽지 않다고 생각했는데 여러 가지 과일들로 식초를 담아서 샐러드도 만들고 와플도 만들면 아주 풍성하고 좋을 것 같아요. 지금 둘째 아기 임신 중인데 조금 키워 놓고 이유식 완료될 시기가 되면 철철이 각종 과일 식초 담가 맛있게 먹어야겠다는 생각이 드네요. 만날 뱃살 들춰 보는 게 일인 남편도 부담 없이 마시게 해 주면 좋아라 할 것 같아요.

권혜련 | 서울시 송파구 풍납1동

양념으로만 생각되는 식초에 대한 다양한 정보와 요리법을 소개해 식초에 대한 편견을 없애는 데 도움이 되었습니다. 각 식초의 기본 효능과 만드는 방법, 그리고 그 식초의 활용법(음식과의 궁합)을 모두 담아 아주 유용한 정보가 될 듯합니다. 20~50대 청장년층, 건강하고 맛있는 식단을 꿈꾸는 주부들이 읽으면 좋을 듯합니다.

오미진 | 경기도 용인시 수지구 상현동

입맛도 돋우고 건강도 살리는 과일식초와 과일식초를 이용한 요리를 볼 수 있었습니다. 또 식초의 종류와 효능에 대한 설명에서 청소법 등이 같이 소개되어 있어 유용했습니다. 다만 좀 더 소박한 요리들이 더 있었으면 좋았겠다는 아쉬움이 남네요.

※ 「살림로하스」 원고 모니터링에 참여해 주신 한살림, 파주두레생협, 마포두레생협 조합원 100분께 감사드립니다.

새콤한 식초의 유혹
몸은 날씬하게, 마음은 가볍게

어릴 적 시골 외할머니 댁 부뚜막에 놓여 있던 뚜껑 덮인 항아리나 막걸리 병들. 궁금한 마음에 할머니께 여쭤워 보면 식초를 만드는 중이라고 하셨는데, 음식에 어떻게 쓰이는지 몰라 '식초라……' 하고 고개를 갸우뚱거렸던 기억이 있습니다.

유난히 샐러드, 냉채를 좋아하는 저는 남는 과일이 생길 때면 과일식초를 만들어 3년씩 묵혔다 음식에 넣곤 합니다. 그때마다 어린 시절 할머니가 담그시던 식초를 떠올립니다. 할머니가 만들어 주신 음식에서 나던 은은한 과일 향과 새콤한 식초 향. 음식 맛을 맛깔스럽고 깔끔하게 살려 주었던 다양한 식초를 지금 제가 즐기고 있는 거지요.

식초는 음식의 맛을 살리는 재료로 뿐만 아니라 건강과 생활 곳곳에 여러모로 유익한 재료입니다.

잘 알려진 식초의 효능은 살균 효과, 해독 작용, 지방 분해 효과 등입니다. 식초의 주성분인 초산은 산성이어서 식초에 담그거나 식초를 뿌리면 미생물이 소멸되어 식중독을 예방해 줍니다. 식중독 걱정이 많은 더운 여름에 특히 쓰임이 많은 재료입니다.

과일을 활용한 식초라면 과일에 함유된 펙틴이 체내 유해 물질과 합쳐져 몸 밖으로 배출하는 역할을 하기 때문에 체내 독소 제거에 좋습니다. 또 식초는 체내 지방 분해를 촉진시키고 몸속에 있는 각종 노폐물과 산성 물질을 배출시켜 몸매 유지와 다이어트에도 효과가 탁월합니다.

촬영이 많거나 밤늦도록 원고를 쓰고 나면 몸이 피곤하고 기분이 가라앉는데 이때 과일로 만든 감식초를 냉수에 타서 마시면 기분도 좋아지고 에너지가 생기는 듯한 느낌이 듭니다. 식초가 혈액 속에 쌓인 젖산을 분해해 몸 밖으로 배출시켜 피로 회복을 도와주기 때문입니다. 평소 콜레스테롤이 걱정되거나, 혈액순환을 원활하게 해 성인병을 예방하고 싶다면 식초와 친하게 지내는 것이 좋습니다.

요즘에는 식초를 활용한 음료들이 많아 '식초' 하면 음료가 먼저 떠오르지만, 사실 식초를 섭취할 수 있는 방법은 무궁무진 합니다. 새콤달콤한 생채나 장아찌, 간식, 냉채, 일품요리 등에 넣으면 음식 맛을 살려 줍니다. 초고추장, 초간장부터 한식이나 양식에 활용 가능한 식초 드레싱 몇 가지를 알아 놓으면 색다른 음식 맛을 낼 수 있답니다.

식초를 이용한 요리를 만들다 보니 식초의 좋은 점을 여러 사람들에게 꼭 알려 주고 싶은 욕심에 책을 준비하게 되었습니다. 더 많은 요리를 소개하지 못해 아쉽지만, 이 책을 통해 식초에 대해 좀 더 친근하게 느끼고 자신만의 식초를 만들어 활용해 보시길 바랍니다.

김외순

한눈에 보는 레시피

● 활용 만점, 과일식초 만들기

버찌식초 • 수박식초 29

복분자식초 • 참외식초 30

토마토식초 32

귤식초 32

포도식초 • 레몬식초 35

배식초 • 사과식초 36

키위식초 • 멜론식초 39

블루베리식초 40

석류식초 40

파인애플식초 • 바나나식초 43

● 상큼한 식초 향이 솔솔, 밑반찬 만들기

버찌식초 과일물김치 50

수박식초 연근장아찌 52

배식초 가지무침 55

오미자식초 메추리알조림 56

레몬식초 조개젓무침 59

석류식초고추장
다시마말이 60

파인애플식초 알배추겉절이
63

귤식초드레싱 해물무침 64

배식초고추장 오이무침 67

참외식초 모둠피클 68

● 식초로 멋 부린 일품요리

수박식초 파프리카컵밥 73

참외식초 비빔국수 75

오미자식초
아스파라거스초밥 77

바나나식초소스
냉라비올리 78

밀고기토마토소스 오믈렛 81

차례

CHAPTER 01
식초, 건강을 다스리다

CHAPTER 02
활용 만점, 과일식초 만들기

CHAPTER 03
상큼한 식초 향이 솔솔, 밑반찬 만들기

식초, 건강을 다스리다

최근 몇 년 동안 식초에 대한 관심이 높아지면서
다양한 식초 음료와 식초를 이용한 식품이 인기를 얻고 있다.
식초는 예로부터 건강에 좋은 식품으로 전해져 오는데,
피로 회복은 물론 해독, 건강 증진, 다이어트 등에 효과가 있어
남녀노소 누구나 요긴하게 쓸 수 있다.
시큼한 식초로 가족의 건강을 다스려 보자.

식초 한 잔의 건강 효능

식초는 살균 효과가 높고 해독 작용을 하는 음식. 지방 분해 효과가 있어 다이어트에도 쓸 수 있고, 체질 개선과
피로 회복에 항암 작용까지 한다. 식초 하나에서 이렇게 다양하고도 강한 효능들이 어떻게 가능한 걸까?

살균 작용 | 세균의 생육조건은 중성과 알칼리. 식초의
주성분인 초산은 산성이어서 식초에 담그거나 뿌리면 세
균은 30분 이내에 소멸되어 식중독을 예방한다.

해독 작용 | 식초, 특히 과일식초는 과일의 펙틴이 체내
유해 물질과 합쳐져 몸 밖으로 배출하는 역할을 해서 체내
독소를 제거해 준다. 또 초산은 간에 있는 독을 해독하는
기능이 있고 청주로 만든 식초에는 간을 보호하는 성분이
있다.

지방 분해 및 다이어트 | 식초는 체내에서 지방 분
해를 촉진시키고 몸속에 있는 각종 노폐물과 산성 물질을
배출한다. 식초를 꾸준히 먹으면 지방이 몸속에 쌓이는 것
을 막아 주는데 특히 과일식초를 계속 먹으면 과일의 여러
성분이 지속적인 다이어트가 되도록 한다.

피로 회복 | 신경이나 육체를 많이 쓰면 에너지가 소비
되면서 젖산이 분비된다. 이 젖산은 근육이나 혈액 속에 쌓
여서 근육통을 일으키거나, 몸에 힘이 없어지게 하고, 몸속
의 산소가 부족해져 졸음이 오게도 한다. 이 때 식초를 마
시면 혈액 속에 쌓인 젖산을 분해하고 몸 밖으로 배출해 피
로 회복에 도움이 된다.

건강 증진 | 식초는 산성 물질이지만 체내에서 분해되
면 알칼리성 미네랄을 남기는 알칼리성 식품. 곡류나 육류
를 많이 먹어 산성으로 변한 몸의 균형을 잡아 준다. 또 식
초의 유기산이 혈액 내에 콜레스테롤이 쌓이는 것을 막아
혈액순환을 원활하게 해 각종 성인병을 예방하고, 활성 산
소의 작용을 억제해서 항암 작용도 한다.

🍶 오랜 세월 식초를 애용한 까닭

우리나라에서는 삼국시대 이전부터 식초를 만들어 왔던 것으
로 여러 문헌에 전해진다. 간장, 된장, 고추장 등과 마찬가지로
초를 만드는 것이 한 해의 중요한 일 중 하나여서 길일을 택해
만들었다 한다. 동의보감에는 '초는 성질이 온하며 맛이 시고
독이 없어 옹종을 없애고 혈운을 부수며, 모든 실혈의 과다와
심통과 인통을 다스린다. 또한 일체의 어육과 채소 독을 소멸
시킨다.'고 기록되어 있다.
곡식으로 식초를 만들면 탄수화물이 당으로 변해서 당도 풍부
하면서 다른 무기질과 알코올, 초산, 유기산, 아미노산, 구연산
등이 풍부해진다. 과일로 식초를 만들면 과일의 효능에 각종
당, 알코올, 초산은 물론 사과산, 주석산 등의 산들이 풍부해지
면서 영양 면에서도 더 우수해진다.

입맛대로 고르는 식초의 종류

새콤달콤한 생채나 장아찌, 샐러드 등에 넣어 맛을 내는 식초는 요리에 따라 선택의 폭이 넓다.
식초의 종류를 제대로 알아야 보다 건강한 식초를 고를 수 있다.

합성식초 vs 양조식초

빙초산 | 자연물의 발효가 아닌 화학 반응으로 생산한다. 순도가 높은 초산은 상온에서 고체 상태이어서 빙초산이라 불린다.

합성식초 | 빙초산을 물에 희석하고 과즙, 향료, 아미노산, 당 등을 첨가하여 만든다.

양조식초 | 과일이나 곡물을 알코올 발효 과정을 거쳐 초산으로 발효시킨 것. 원래 재료에 붙어 있거나 공기 중에 떠 있는 야생균에 의해 오랜 시간에 거쳐 발효되지만, 원재료에 알코올 상태인 곡물의 주정을 넣고 초산 발효시키거나, 적합한 효모를 주입하여 단기간에 양조하는 방법이 많이 쓰인다.

천연 발효 식초 | 양조식초 중에서 주정이나 다른 초산을 넣지 않고 원재료 자체만의 알코올 발효 과정과 초산 발효 과정을 거친 식초. 유기산과 미네랄이 풍부하다.

곡류식초 vs 과일식초

곡류식초 | 현미, 옥수수, 보리 등의 곡물을 발효시켜 만든 식초. 특별한 향이 없어 과일식초를 만들 때 쓰거나 요리에 무난하게 쓸 수 있다.

과일식초 | 사과, 감, 포도, 매실, 토마토 등의 과일을 알코올 발효 과정을 거쳐 초산 발효시킨 것. 곡물의 주정에 과즙을 더해 초산 발효시키거나, 곡류식초에 과즙을 더해 만들기도 한다. 시판되는 과일식초 중에서 합성 과일향을 첨가한 것은 피하는 것이 좋다.

특이한 천연 식초

감식초 | 우리나라에서 오래 전부터 만들어진 과일식초로 다른 과일에 비해 타닌과 비타민C 등의 영양소가 월등히 많은 감만으로 만들어 식초 요법의 효과를 강하게 볼 수 있다.

발사믹식초 | 포도주를 초산 발효한 천연 발효 식초에는 레드와인식초, 화이트와인식초, 발사믹식초가 있는데 각각 맛과 색이 달라서 요리에 따라 다르게 쓸 수 있다. 발사믹식초는 포도를 수년간 나무통에서 발효시킨 이탈리아의 전통 식초로 갈색에 가까운 진한 색을 띤다.

흑초 | 중국과 일본에서 오랜 역사를 가진 흑초는 물을 많이 희석해서 만드는 곡류식초와 달리 원재료의 함량을 높게 하고 장기간 발효하여 검게 숙성된 식초. 주로 현미를 발효시킨 것으로 아미노산이 풍부하다.

그 외 마늘식초, 솔잎식초, 양파식초 등 다양한 식초가 있다.

요모조모 활용도 높은 식초

식초는 산성이어서 살균력도 강하고, 염기성 오물이나 세제를 만나면 중화되기 때문에 식초 한 병으로
반짝반짝 윤이 나게 청소할 수 있다. 조리 외에도 활약이 대단한 식초의 쓰임새들.

조리할 때

- 양파를 다지거나 생선 다듬은 도마를 씻은 후에도 냄새가 남아 있을 때 식초를 뿌리거나 발라 주면 양파의 매운맛이나 생선 비린내가 없어진다.
- 식초는 단백질을 변성시키는 성질이 있어서 생선을 구울 때 식초를 바르면 석쇠에 달라붙지 않게 잘 구워진다.
- 달걀을 삶을 때 식초를 넣으면 껍데기가 잘 깨지지 않는다.
- 늦여름의 오이 끝이 굉장히 쓸 때가 있는데 오이를 썰어서 식초를 탄 물에 담가 두면 쓴맛이 많이 없어진다.
- 연근이나 우엉은 껍질을 벗기면 갈색으로 변하고 아린 맛도 있다. 이때 식촛물에 담그거나 식초를 넣은 물에 삶으면 아린 맛이 덜 하면서 갈변도 막아 준다.
- 단백질에 식초를 더하면 단백질이 변성되어 단단해지지만 오랫동안 두면 오히려 더 부드러워진다. 숙성되지 않은 고기를 구울 경우 식초를 발라 2~3시간 정도 두면 연해진다.
- 채소의 농약이 걱정될 때 식촛물에 5분 정도 담갔다가 사용하면 농약이 많이 제거된다. 또 시들한 채소도 식촛물에 담갔다가 건져 헹군 다음 냉장 보관하면 싱싱해진다.

빨래와 청소에도

- 기름에 찌든 프라이팬이나 후드에 식초를 뿌리고 한 시간 정도 두면 깨끗하게 닦인다. 식초가 빨리 마르지 않도록 키친타월을 깔고 그 위에 뿌리면 효과가 더 좋다.
- 오래 쓴 유리컵의 물때도 식초와 소금을 넣어서 흔들거나 솔로 씻으면 쉽게 씻긴다. 또 주전자 뚜껑 사이에 낀 오래된 물때도 식초와 물을 넣어서 끓이면 깨끗해진다.
- 컵이나 병에 붙은 스티커를 떼고 난 자리가 끈적거리고 깨끗하지 않은 경우, 천이나 솜, 종이 등에 식초를 촉촉하게 묻혀 5~10분 정도 두었다가 떼어 내면 깨끗해진다.
- 스타킹을 빨고 따뜻한 물에 식초를 2방울 정도 떨어뜨린 후 헹궈서 말리면 올이 잘 풀리지 않고 냄새도 없앨 수 있다.
- 빨래를 헹군 후 식촛물에 담갔다가 말리면 염기성인 세제 찌꺼기가 중화되어 빨래에 정전기가 나지 않고 부드러워진다.

목욕할 때도

- 잠이 잘 오지 않을 때 욕조에 절반 정도 따뜻한 물을 채운 다음 식초를 한 컵 정도 섞어서 목욕을 하면 잠이 잘 온다.
- 머리를 감고 린스 대신 식촛물에 헹구면 염기성인 잔류 샴푸가 중화되어 머릿결이 부드러워지고 비듬도 예방할 수 있다.
- 발을 씻고 마지막 헹구는 물에 식초를 몇 방울 섞으면 발 냄새를 예방할 수 있다. 단 씻은 후 충분히 발을 건조시켜야 발에 식초 냄새가 남지 않는다.

식초 제대로 마시는 법

- 다이어트용이 아니라면 식후에 마시는 것이 좋다. 매끼 식사 후에 마시면 소화도 잘 되고 활력도 생긴다.
- 식초 원액으로 마시지 말고 찬물이나 기호에 맞는 음료에 넣어 마셔야 위에 부담이 덜하다.
- 식초와 물은 1 : 3~5 사이의 비율로 희석한다. 처음에는 5배 희석을 해서 마시는데 속이 좋지 않은 사람은 더 약하게 해서 마신다.
- 천연 발효 식초 중에서 기호나 체질에 맞는 것으로 선택한다.
- 식초를 마실 때는 6개월 이상 꾸준하게 마셔야 효과를 볼 수 있다.
- 식초를 처음 마시면 일시적인 명현 반응이 일어나 속이 좋지 않거나 설사나 변비가 생기고 뼈마디나 몸 여기저기가 더 아플 수 있다. 3~5일 정도 지속적으로 마셔서 괜찮으면 계속 마시고 반응이 계속되면 그만 마시는 게 좋다.

식초 제대로 보관하는 법

- 식초를 만들 때는 유리병이나 도자기에 보관하고, 효소가 충분히 들어갈 수 있게 넉넉한 크기의 용기를 사용한다.
- 해가 들지 않고 통풍이 잘 되는 곳, 주변에 이물질이 많지 않은 곳에서 보관한다.
- 완성된 식초의 양이 많으면 따로 저장고를 만들지만 집에서 적은 양을 만들 경우 냉장 보관한다. 김치냉장고에 보관해도 좋다.
- 상온에 보관할 경우에는 온도가 일정한 곳에서 보관한다. 온도가 높은 곳에 보관하면 가스가 차서 문제가 될 수 있으니 보관 장소를 자주 옮기지 않는 것이 좋다.
- 완성된 식초는 밀폐해서 보관한다.

S라인 만드는 식초다이어트

식초에는 각종 아미노산, 당, 비타민이 풍부해 다이어트로 인한 영양의 결핍을 막아 준다. 초산, 구연산, 유기산, 사과산 등의 성분은 체내에 쌓이는 노폐물인 젖산의 축적을 막아 다이어트 스트레스로 생긴 피로의 회복에도 도움이 된다. 몸속의 독소도 배출해 체질이 개선되기도 한다. 꾸준히 섭취하면 지방이 합성되는 것을 예방해 주고 지방을 분해해 몸에 지방이 축적되지 않게 한다.

- 식초 다이어트를 할 때는 식사를 거르지 않도록 한다. 아침에는 잡곡밥 1공기, 점심에는 잡곡밥 2/3공기, 저녁에는 잡곡밥 1/3공기 양으로 줄여서 먹는 것이 좋고, 저녁은 6시 이전에 먹는 것이 좋다.
- 다이어트를 할 때는 식초를 빈속에 마시는 것이 좋다. 식초가 몸속에 퍼지면서 식사할 때 몸에 지방이 축적이 되는 것을 막아 주기 때문이다. 식사 후에 식초를 마시면 소화가 너무 빨리 돼서 금방 배가 고플 수 있다.
- 1/4컵 정도의 식초에 물을 부어 1컵 양을 만들어 마신다. 신맛이 강하다고 느껴지면 식초 양을 1/8컵 정도부터 시작한다. 너무 시면 꿀이나 시럽을 타서 마신다.
- 식초다이어트는 6개월 이상 장기간 하는 것이 중요하다. 본인의 감량 목표에 따라 꾸준히 실천한다.

다양한 식초다이어트

식초다이어트에는 감식초 다이어트, 바나나식초 다이어트, 초콩 다이어트, 우엉식초 다이어트, 야채샐러드 다이어트 등 다양한 방법이 있다. 하기 쉬운 방법을 골라 꾸준히 해야 한다.

야채샐러드 다이어트

저칼로리 식초드레싱을 활용해 여러 가지 채소를 먹으면서 다이어트 효과를 보는 방법.

식초 음료를 마신 다음 급격하게 속이 쓰리거나 아픈 사람은 위에 탈이 있을 수 있기 때문에 직접 마시기보다 음식에 식초를 많이 넣고, 식초를 넣은 샐러드나 냉채를 만들어 자주 먹는 것으로 대체할 수 있다.

우유식초 다이어트

변비 때문에 고생하거나 장내 숙변이 많은 사람은 우유식초를 만들어 다이어트를 한다. 우유에 식초를 섞어서 마시면 장 속에 있는 균의 활동을 활발하게 해서 장운동을 촉진해 변비를 해소할 수 있고, 숙변도 제거된다.

초콩 다이어트

쥐눈이콩을 잘 씻어서 물기를 제거한 다음 천연 현미식초와 1:3 비율로 유리병에 담아서 1주일간 해가 들지 않고 바람이 잘 통하는 서늘한 곳에 보관하면 초콩이 완성된다. 매일 15~30알 정도 초콩을 먹으면 다이어트 외에도 변비, 탈모, 피로 회복에 좋다. 그냥 씹어 먹어도 되지만 갈아서 드레싱을 만들 수도 있고, 말린 다음 가루로 빻아서 장기간 먹으면 효과가 좋다. 비린 맛을 싫어하는 경우 콩을 볶은 후 초콩으로 만들기도 한다. 위산과다나 위궤양이 있는 사람은 너무 많이 먹는 것이 좋지 않기 때문에 조금씩 먹어 봐서 자신에게 알맞은 양을 찾는다. 빈속에 먹는 것은 피하고 식사 후 30분 정도에 먹는 게 좋다. 초콩을 먹은 다음에는 물을 1컵 이상 마셔야 위에 부담을 주지 않는다.

식초민간요법과 초란

이 밖에 식초를 이용한 다양한 민간요법과 초란에 대해 알아보자.

식초민간요법

- 감기가 유행할 때 집안에서 식초를 끓이면 바이러스나 균을 죽여 감기를 예방할 수 있다. 외출 후 식촛물에 손을 씻어서 헹구는 것도 효과가 있다.
- 소화가 잘 되지 않아서 고생할 경우 매실식초를 물에 타서 마신다. 체했을 때에도 매실식초가 효과가 좋다.
- 여름철에 화상을 입을 정도로 살갗이 탔을 경우, 식초를 바르면 빨리 증발하면서 열을 빼앗아 시원하게 해 주어 화끈거리는 것을 줄여 준다. 2배, 3배 식초는 피하고, 산도가 낮은 식초를 사용한다.
- 겨드랑이나 발에서 나는 냄새는 샤워할 때 식초를 발라서 헹구면 덜하다. 또 담배나 식당 연기가 밴 옷을 식초를 탄 물에 헹구면 냄새가 쉽게 빠진다.
- 해파리, 모기 등에 물렸을 때 식초를 바르면 통증을 완화시키고, 두드러기에 식초를 조금 발라 주면 가려운 것도 좋아진다.
- 인후염으로 목에 염증이 있는 경우 식촛물로 양치하면 목의 통증을 가라앉힐 수 있다.
- 열이 나는 감기에는 파뿌리죽에 식초를 조금 떨어뜨려 먹으면 몸을 따뜻하게 해서 감기를 낫게 한다.
- 변비에 우유 1잔과 식초 2큰술 정도 섞어서 마시면 배변이 촉진된다.
- 당뇨에는 마늘식초를 10배 정도 희석해서 마시면 효과가 좋다.
- 설사에 쑥가루와 식초, 물을 섞어서 마시면 좋아진다. 쑥가루 1큰술, 식초 1작은술, 물 1컵 정도 넣어서 섞은 다음 아침, 저녁으로 마신다.
- 몸이 쉽게 붓는 경우 검은콩을 갈아 콩물을 받아서 식초를 타서 먹는다. 식사 후에 먹는 것이 좋다.

초란

달걀을 식초에 담가 초란을 만들어 놓으면 가족 건강 보조제로 두루 쓸 수 있다. 유정란으로 담그는 것이 좋은데, 유정란을 물에 씻고 면포로 잘 닦아 물기를 없앤 후 유리병에 10개 정도 담고 현미식초 1.8리터 정도를 붓는다. 20~25도 상온의 해가 들지 않는 곳에서 1주일간 두면 겉껍질이 녹는데, 이때 달걀은 건져서 냉장고에 보관하면서 먹고, 껍질이 녹은 식초는 걸러서 병에 담아 두고 물에 희석해서 마시거나 음식을 조리할 때 넣어 먹는다. 초란을 먹을 때는 그냥 먹기 보다는 꿀, 물을 섞어서 먹는 게 편하다.

식초에 의해 단백질과 칼슘의 흡수가 원활해져 노약자나 아이들의 단백질과 칼슘 공급원으로 좋다. 피로 회복에, 고혈압 예방도 되고, 체액의 산성화를 막아서 면역력을 높여 주고 항암작용도 한다. 탈모를 예방해 주기도 한다. 하루 두세 번, 30~40밀리리터 물에 2~3배 희석해서 마신다.

5분 만에 만드는 생채

신선한 채소를 먹기 직전에 무쳐 내는 생채 요리에 빠질 수 없는 식초. 야채의 살아있는 맛을 더욱 살려 주고,
새콤달콤함으로 입맛을 돋우어 준다. 딱 5분 만에 만들 수 있는 손쉬운 생채 요리들.

무생채

재료　무 200g, 다진 마늘 1/2큰술, 다진 파 1큰술, 고춧
가루 1/2큰술, 식초 2큰술, 설탕 1큰술, 소금 1작은술, 깨소
금 1/2큰술

1 무는 껍질을 벗기고 씻은 다음 얇게 채를 썰어서 소금 1
　작은술을 넣고 10분간 절인다.
2 볼에 다진 마늘, 파, 고춧가루, 식초, 설탕을 넣어서 섞은
　다음 절인 무의 물기를 빼서 넣는다.
3 무와 양념을 버무린 다음 깨소금을 넣어서 한 번 더 버무
　려 그릇에 담아낸다.

영양부추생채

재료　영양부추 1/4단, 양파 1/4개, 고춧가루 1/2큰술, 다
진 마늘 1작은술, 식초 1과 1/2큰술, 설탕 1/2큰술, 소금 조
금, 깨소금 1/2큰술

1 영양부추는 깨끗하게 씻은 다음 4센티미터 길이로 썬다.
　양파는 곱게 채를 썰어서 찬물에 담갔다가 물기를 뺀다.
2 볼에 고춧가루, 마늘, 식초, 설탕, 소금을 섞은 다음 1의
　영양부추와 양파를 넣어서 버무린다.
3 버무린 영양부추에 깨소금을 넣어서 한 번 더 버무린 다
　음 그릇에 담아낸다.

도라지생채

재료　도라지 100g, 고추장 1큰술, 고춧가루 1/2큰술, 다진 파 1큰술, 다진 마늘 1/2큰술, 식초 2큰술, 설탕 1큰술, 소금 적당량, 깨소금 1/2큰술

1 도라지는 채 썰어 소금 1/2큰술과 물 2컵을 넣어서 1시간 정도 쓴 맛을 우린다.
2 1의 우린 도라지는 바락바락 주물러 씻은 다음 찬물에 3번 정도 헹궈서 물기를 뺀다.
3 볼에 고추장, 고춧가루, 다진 파, 마늘, 식초, 설탕, 소금 1/3작은술을 넣어서 잘 섞은 뒤 도라지를 넣어서 먼저 무친 후 깨소금을 넣어 버무린다.

오이생채

재료　오이 1개, 다진 파 1큰술, 다진 마늘 1/2큰술, 고춧가루 1큰술, 식초 2큰술, 설탕 1큰술, 깨소금 1큰술, 소금 적당량

1 오이는 소금으로 문질러서 씻은 다음 동그랗고 얇게 져며 소금 1작은술을 넣고 살짝 절인다.
2 1의 절인 오이를 씻어서 물기를 뺀다. 볼에 분량의 양념을 넣은 다음 절인 오이를 넣어서 버무린다.

배추생채

재료　배추속 5잎, 실파 5줄기, 다신 마늘 1작은술, 고춧가루 1/2큰술, 액젓 1큰술, 식초 2큰술, 설탕 1/2큰술, 깨소금 1작은술, 소금 약간, 참기름 1/2작은술

1 배추속은 적당한 크기로 썰어서 물에 헹군 다음 물기를 뺀다.
2 실파는 씻어서 3센티미터 길이로 자르고 다른 양념 재료는 볼에 담아서 섞는다.
3 2의 양념에 배추와 실파를 넣어서 잘 버무린 다음 그릇에 담아낸다.

더덕생채

재료　더덕 100g, 고춧가루 1/2큰술, 고추장 1작은술, 다진 파 1큰술, 다진 마늘 1/2큰술, 식초 2큰술, 설탕 1큰술, 깨소금 1/2큰술, 소금 약간

1 더덕은 껍질을 벗긴 다음 채 썰어 옅은 소금물(소금 1/2큰술, 물 1컵)에 담가 아린 맛을 우려낸다.
2 볼에 양념 재료를 넣어 잘 섞은 후 더덕을 넣고 버무려 그릇에 담아낸다.

파생채

재료　대파 1대, 깻잎 10장, 간장 1큰술, 식초 2큰술, 고춧가루 1/2큰술, 설탕 1/2큰술, 참기름 1/2작은술, 소금 약간

1 대파는 곱게 채 썰어서 찬물에 담가 매운맛을 빼고 건져 물기를 뺀다.
2 깻잎도 곱게 채 썰어서 찬물에 담갔다가 건져 물기를 뺀다.
3 간장, 식초, 고춧가루, 설탕, 참기름, 소금을 넣어서 미리 양념을 만든 다음 대파와 깻잎을 버무려서 그릇에 담아낸다.

식초를 이용한 기본 양념과 드레싱

식초는 한식은 물론 양식 요리에도 다양하게 쓰인다. 기본적인 초고추장, 초간장부터 샐러드에 활용하면 좋은
드레싱까지, 음식 맛을 살리는 식초소스 레시피.

초간장

재료 간장 4큰술, 식초 2큰술, 다시마 우린 물 1큰술, 맛술 1작은술

활용 모듬전, 튀김, 만두, 구운두부 등의 요리를 찍어서 먹는다.

초고추장

재료 고추장 4큰술, 식초 4큰술, 설탕 3큰술, 깨소금 1/2큰술, 다진 마늘 1작은술, 레몬즙 1작은술, 소금 약간

활용 미리 만들어서 냉장고에 넣어 두면 회, 회덮밥, 무침 등에 바로 쓰기 좋다.

오리엔탈드레싱

재료 간장 2큰술, 포도씨오일 4큰술, 다진 마늘 1/2큰술, 후추 1/2작은술, 식초 4큰술, 설탕 2큰술, 소금 조금, 다진 양파 2큰술, 다진 홍고추 1/2큰술

활용 샐러드드레싱이나 해물무침에 다양하게 활용이 가능하다.

칠리소스

재료 케첩 4큰술, 식초 2큰술, 핫소스 1/2큰술, 설탕 2큰술, 다진 마늘 1/2큰술, 후추 1/2작은술, 라유(고추기름) 1큰술, 소금 조금

활용 해물철판볶음, 해물샤브샤브 등 각종 해물 요리에 넣으면 비린 맛을 없애고 해물의 맛을 높인다.

머스터드드레싱

재료 머스터드소스 3큰술, 마요네즈 1큰술, 식초 3큰술, 다진 양파 3큰술, 소금 약간, 설탕 1큰술, 후추 1/3작은술

활용 각종 튀김, 샐러드 등에 활용한다. 마요네즈는 달걀노른자, 식초, 포도씨오일, 소금을 믹서에 갈아 만들 수 있다. 마요네즈 대신 요구르트를 넣어도 된다.

겨자소스

재료 발효겨자 2큰술, 배즙 1큰술, 식초 4큰술, 생수 2큰술, 설탕 2큰술, 참기름 1/2작은술, 다진 마늘 1/2큰술, 간장 1/3작은술

활용 해파리, 겨자채, 구절판, 무침 등에 다양하게 활용한다. 발효겨자는 겨자가루를 따뜻한 물에 1:1로 개어서 38℃에서 5분간 발효시키고 뚜껑을 덮어 5분 더 발효시켜 사용하는데, 번거로우면 일반 튜브형 겨자를 사용해도 된다.

이탈리안드레싱

재료 다진 양파 2큰술, 다진 마른고추 1/2큰술, 통후추 간 것 1작은술, 소금 조금, 식초 4큰술, 설탕 2큰술, 다진 파슬리 1큰술, 올리브오일 4큰술

활용 채소샐러드, 해물샐러드 등에 활용한다.

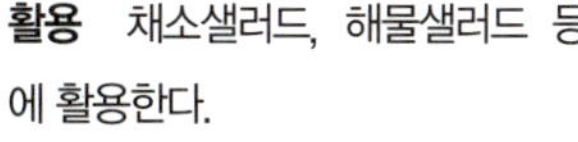

CHAPTER 02

활용 만점
과일식초 만들기

다양한 과일식초가 시판되지만 식초와 과일만 있다면
집에서도 얼마든지 색다른 과일식초를 만들 수 있다.
물에 타서 음료로, 각종 요리의 양념으로 활용도가 높은 과일식초는
과일 본래의 맛을 살리면서도
식초의 톡 쏘는 상큼함을 고스란히 지닌다.

버찌식초

버찌는 포도당, 과당, 자당, 사과산, 구연산 등의 성분이 풍부하고, 인슐린의 분비를 촉진
시켜서 혈당을 떨어뜨린다. 벚나무나 벚꽃도 잘 가공하여 차로 마시면 소화불량, 설사,
기침 등에 좋은 약재가 된다.

재료
버찌 ·····················100g
현미식초 ···············1000ml

1 버찌는 깨끗하게 씻은 다음 꼭지를 떼고 물기를 빼서 밀폐용기에 담는다.
2 1의 버찌에 현미식초를 붓고 냉장고에 한 달 정도 보관한다.

샐러드, 김치에 잘 어울리는 버찌식초
버찌는 살균 효과가 높아서 생선, 해산물이 들어간 샐러드에 넣어서 활용하면
좋다. 배추무침이나 겉절이에 넣으면 맛도 잘 어우러지고 소화도 잘 된다. 제
철인 5월 말에서 6월에는 가격도 저렴하고 쉽게 구입할 수 있다.

수박식초

수박은 비타민A, C, 당질, 섬유질 등이 풍부하다. 수박의 당질은 포도당과 과당이 많아
몸에 흡수가 빨라서 피로할 때 먹으면 쉽게 피로가 풀린다. 또 신경을 안정시키고, 열을
내리며, 혈압도 떨어뜨린다. 이뇨 작용이 있어 부종이 있는 사람에게도 좋다.

재료
수박 ·····················200g
현미식초 ···············1000ml

1 수박은 깨끗하게 씻은 다음 물기를 빼고 껍질째로 썰어서 밀폐용기에 담는다.
2 1의 수박에 현미식초를 붓고 냉장고에 한 달 정도 보관한다.

수박 향이 시원한 수박식초
수박식초에는 수박 특유의 시원하면서 달콤한 맛이 난다. 돼지고기 찜, 생선 찜
등 담백한 찜 요리를 할 때 넣으면 맛이 부드러우면서 위에도 부담을 주지 않고
소화를 촉진시킨다. 수박은 위액을 희석시키기 때문에 지방이 많은 튀김의 소화
를 방해하지만 수박식초는 해물이나 생선 튀김과도 잘 맞는다.

복분자식초

복분자는 신장의 기능을 향상시켜 정력이 떨어지는 것을 막고, 여성의 생식기능을 높여 준다.
또 혈당을 낮춰 당뇨가 있는 사람이 먹으면 좋다. 복분자의 안토시안 색소는
항산화 작용을 해서 암을 억제하는 효과가 있다.

재료

복분자 ·····················300g
흑설탕 ·······················1컵
설탕 ·························1/4컵
생수 ··························4컵

1 복분자는 깨끗하게 씻어 물기를 빼고 으깬 다음 밀폐용기에 담는다.

2 1의 복분자에 분량의 흑설탕과 설탕을 넣고 잘 섞어서 상온에 보관한다.

3 복분자에 물이 생기고 초 냄새가 날 정도로 발효되면 즙만 따라 생수와 희
  석한 다음 두 달 정도 서늘하고 그늘진 곳에서 발효시키거나 냉장고에 보
  관한다.

복분자에 장어

다른 식초에 비해 단맛이 많이 나는 복분자식
초. 스태미나 식품인 장어와 궁합이 잘 맞아
함께 먹으면 기력 보강은 물론 장어의 효능도
살고 소화도 잘 된다. 제철인 6월 말에서 7월
초에 식초를 담그지만 제철이 아니라면 쉽게
구할 수 있는 냉동 복분자로 담근다.

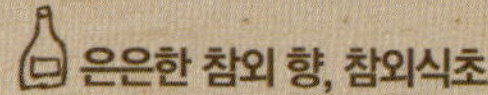

은은한 참외 향, 참외식초

참외식초는 참외의 향은 나지만 맛
은 현미식초와 거의 비슷해서 나물
을 무치거나 냉채를 할 때 음식의 맛
을 떨어뜨리지 않고 은은한 향을 내
준다. 또 초고추장을 만들 때 넣으면
회 맛을 잘 살릴 수 있다.

참외식초

참외는 당질, 단백질, 지질이 풍부하고 칼슘, 무기질, 비타민의 함량이 높은 과일.
피로 회복에 좋고, 곡류와 육류를 많이 먹어 산성으로 변한 몸을 중화해 준다.
한방에서는 이뇨, 소갈, 기침을 멎게 하는 데 효능이 있는 식품으로 알려져 있다.

재료

참외 · · · · · · · · · · · · · · · · · · 2개
현미식초 · · · · · · · · · · · · · · 1000ml

1 참외는 깨끗하게 씻어 잘라서 씨를 빼고 껍질째 1센티미터
두께로 잘라서 밀폐용기에 담는다.
2 1의 참외에 현미식초를 붓고 냉장고에 한 달 정도 보관한다.

토마토식초

토마토식초는 치즈나 달걀이 들어가는 요리와 잘 어울리고, 해산물, 특히 생새우와 아주 잘 어울린다.
해산물 무침이나 볶음, 조림에 토마토식초를 넣으면 비린 맛이 나지 않으면서 풍미를 더해 준다.

재료
방울토마토 ················100g
현미식초 ················1000ml

1 토마토는 깨끗하게 씻은 다음 꼭지를 따고 물기를 빼서 밀폐용기에 담는다.
2 1의 토마토에 현미식초를 붓고 냉장고에 한 달 정도 보관한다.

건강을 위한 과일식초라면
과일식초를 만들 때 사용하는 식초는
유기농 식초나 천연 발효 식초가 좋다.

귤식초

귤에는 비타민C와 유기산이 풍부해서 신진대사를 촉진해 체열이 내려가는 것을 방지하고,
혈액순환이 잘 되도록 도와준다. 귤의 향긋한 맛이 남아 있는 귤식초는
희석해서 마시면 감기 예방에 좋다.

1 귤은 껍질을 꽃소금으로 문질러서 깨끗하
  게 씻은 다음 물기를 빼고 가로로 잘라 밀
  폐 용기에 담는다.
2 1의 귤에 현미식초를 붓고 냉장고에 한 달
  정도 보관한다.

고기요리로, 차로, 잼으로

귤식초는 닭가슴살 요리, 오리 요리에 사용
하면 좋고, 귤식초를 담근 과육을 넣고 시
럽, 꿀 등을 넣어서 차로 마시거나, 갈아서
사과잼을 만들 때 넣으면 향을 돋운다. 담
백하면서 색이 짙지 않은 채소 요리에 넣어
도 맛을 살려 준다.

포도식초

포도에는 펙틴과 타닌이 있어 장에 좋고,
해독 작용도 있다.
안토시안 색소가 항암 작용도 한다.
청포도로 담근 식초는 맛이 상큼하면서 은은한
포도향이 강하다.

적포도 ·······························200g
현미식초 ························1000ml

1 포도는 깨끗하게 씻은 다음 포도알을 떼고 물기를
　빼서 밀폐용기에 담는다.
2 1의 포도에 현미식초를 붓고 냉장고에 한 달 정도 보
　관한다.

유제품과 견과류에 어울리는 포도식초

포도식초는 치즈나 우유가 들어간 식품과 궁합이 잘
맞고 곡류를 조리할 때 넣으면 좋다. 호두, 건포도를 넣
은 무침, 샐러드나 조림에 넣으면 향을 돋우고 영양도
배가된다.

레몬식초

상큼한 레몬향이 입맛을 돋우는 레몬식초는
비타민C가 풍부하고, 특히 구연산이 다량
함유되어 있다. 항산화 작용이 우수해 항암
작용도 하고, 면역력을 높여 준다. 피부 미용에
효과가 좋아 여성에게 좋은 식품.

레몬 ·······························2개
현미식초 ························1000ml
꽃소금 ···························조금

1 레몬은 꽃소금으로 문질러 깨끗하게 씻은 다음 물기
　를 빼고 가로로 썰어서 밀폐용기에 담는다.
2 1에 현미식초를 붓고 냉장고에 한 달 정도 보관한다.

해물에 잘 맞는 레몬식초

레몬향이 강하게 나기 때문에 회덮밥용 초고추장을 만
들면 좋다. 해물샐러드, 볶음에 넣으면 비린 맛을 덜 나
게 하면서 향을 높여 주고, 생선요리에 넣으면 잡냄새
를 없애고 생선살을 단단하게 해 준다.

배식초

배는 기관지, 기침에 좋고, 단백질 분해 효소가 있어 고기를 부드럽게 한다.
식이섬유에, 칼륨과 폴리페놀이 풍부해 당뇨와 변비를 예방해 준다.
배식초는 톡 쏘는 맛이 특히 강하다.

재료

배	150g
현미식초	1000ml

1 배는 깨끗하게 씻은 다음 물기를 빼고, 껍질째 썰어서 밀폐용기에 담는다.
2 1의 배에 현미식초를 붓고 냉장고에 한 달 정도 보관한다.

쇠고기 양념에 좋은 배식초

배는 쇠고기와 궁합이 잘 맞아서 육회를 무칠 때 배식초를 넣어서 무치면 고기를 부드럽게 하면서 맛을 돋운다. 불고기 재울 때, 닭튀김 소스에도 좋다. 배식초로 소스를 만들 때 꿀로 단맛을 내면 잘 어울린다.

사과식초

사과는 다른 과일에 비해 특히 펙틴이 풍부해 변비를 예방하고, 대장암 예방,
혈당 조절, 콜레스테롤을 떨어뜨리는 데 효과가 있다. 사과식초는 사과의 향과
톡 쏘는 식초 맛이 부드럽게 어우러져 무침보다 샐러드에 잘 어울린다.

재료

사과	1개
현미식초	1000ml

1 사과는 깨끗하게 씻어서 껍질째 자른 다음 밀폐용기에 담는다.
2 1의 사과에 현미식초를 붓고 냉장고에 한 달 정도 보관한다.

사과식초에 어울리는 계피

사과식초로 소스를 만들 때 계피를 약간 넣으면 사과식초와 잘 어울리면서 독특한 맛이 난다.

키위식초

키위에는 비타민C, E가 다른 과일에 비해 월등히 많고, 마그네슘, 칼륨이
풍부하다. 키위의 칼륨은 나트륨을 몸 밖으로 쉽게 배출해 주는 역할을 해서
체내 염도를 떨어뜨린다. 강력한 단백질 분해효소가 있어 숙성되지 않은
육류나 해산물을 조리할 때 넣으면 좋다.

재료

키위 ·······················2개
현미식초 ··················1000ml

1 키위는 껍질을 벗기고 얇게 썰어서 밀폐용
  기에 담는다.
2 1의 키위에 현미식초를 붓고 냉장고에 한
  달 정도 보관한다.

다른 과일 맛을 살려 주는 키위식초
키위의 아린 맛과 달콤함이 어우러져 기분을
상쾌하게 하는 키위식초. 과일 요리에 넣으면
다른 과일의 맛을 살려 준다.

멜론식초

속이 노랗게 잘 익은 머스크 멜론에 함유된 풍부한 베타카로틴은 항산화
작용을 해 암을 예방한다.
칼륨, 카로틴, 비타민C가 풍부하고, 가래를 삭이고 기침을 멎게도 한다.

재료

머스크 멜론 ···············1/6개
현미식초 ··················1000ml

1 멜론은 깨끗하게 씻어 물기를 빼고 갈라서 씨를 뺀다.
2 껍질째 잘라서 밀폐용기에 담는다.
3 2의 멜론에 현미식초를 붓고 냉장고에 한 달 정도 보관한다.

제과 제빵에 좋은 멜론식초
톡 쏘면서도 부드러운 맛이 나는 멜론식초. 밀가루로 만드는 과자, 비스킷, 케이
크 등과 잘 어울리고 버터가 들어간 음식에 첨가하면 카로틴의 흡수를 촉진시킨
다. 우유, 생크림과 맛이 아주 잘 어울리기 때문에 후식을 만들 때 넣으면 좋다.

블루베리식초

검은 색에 가까운 진보라색의 안토시안 색소는 혈관에 있는 노폐물을 배출하고
혈액을 맑고 깨끗하게 해 심장병과 뇌질환을 예방해 준다.

재료

블루베리 ··1컵
감식초 ··1000ml

1 블루베리는 깨끗하게 씻어 물기를 빼고 밀폐
  용기에 담는다.
2 1의 블루베리에 감식초를 붓고 냉장고에 한
  달 정도 보관한다.

색이 진한 블루베리식초
블루베리 특유의 단맛과 진한 맛이 살아있는
블루베리식초는 다이어트 음료로 마시기에도
좋지만 색이 진해 녹색 채소의 샐러드드레싱으
로도 잘 어울린다. 조려서 장식으로 쓰거나 생
선 튀김이나 구이, 찜 등의 소스로 써도 좋다.

석류식초

석류에는 포도당, 과당 등의 당질이 풍부하고, 씨에는 천연 에스트로겐이 많아 여성에게 좋은 과일.
몸속의 독을 밖으로 빼내면서 혈액을 깨끗하게 하고 면역력도 강화시켜 준다.

재료
석류 ·························1개
감식초 ·····················1000ml

1 석류는 껍질을 까서 알갱이만 밀폐용기에 담는다.
2 1의 석류에 감식초를 붓고 냉장고에 한 달 정도 보관한다.

요리의 향을 돋우는 석류식초
석류식초는 단맛이 많으면서 붉은 색을 띠어 식욕을 자극한다. 김치를 담그는데 넣어서 향을 돋우거나 배추로 생채를 할 때 쓰면 좋다. 또 딸기를 넣은 화채나 커피, 코코아 등에 약간의 석류식초를 넣으면 향이 아주 좋아진다.

파인애플식초

파인애플에는 포도당,
과당 등의 당이 아주 풍부하고,
펙틴이 많은 펙토산과 섬유질도 풍부하다.
브로멜린이라는 단백질 분해효소가 있어
고기를 부드럽게 해 준다.

재료

파인애플 ······································ 1/6개
현미식초 ······································ 1000ml

1 파인애플은 껍질을 벗기고 잘라서 밀폐용기에 담는다.
2 1의 파인애플에 현미식초를 붓고 냉장고에 한 달 정
　도 보관한다.

🍶 달고 향긋한 파인애플식초

파인애플식초는 단맛과 톡 쏘는 맛이 많고, 향이 좋은
식초. 해물과 맛이 진한 녹색 채소와 잘 어울려 샐러드
나 냉채, 겉절이에 넣으면 좋다. 육류, 해물의 무침이나
탕수육 소스에도 좋다.

바나나식초

바나나는 다른 과일에 비해 수분이 적으면서
탄수화물과 포도당이 풍부하다. 식이섬유도
많아서 변비와 설사에 좋고, 철분이 풍부해서
빈혈을 예방해 준다. 염분이 적으면서 칼륨은
풍부해 혈압을 낮추는 효능도 있다.

재료

바나나 ·· 3개
현미식초 ······································ 1000m

1 바나나는 껍질을 벗긴 다음 적당한 크기로 썰어서
　밀폐용기에 담는다.
2 1의 바나나에 현미식초를 붓고 냉장고에 한 달 정도
　보관한다.

🍶 부드럽고 은은한 바나나식초

바나나식초는 쏘는 맛도 덜하고 부드러워 은은한 맛이
난다. 해초나 무와 맛이 잘 어울리고, 빵과 같이 먹으면
맛도 살리고, 소화도 잘 된다. 쌀국수나 면 요리에도 소
스나 향신료로 활용할 수 있다.

구관모의 천연식초 예찬

식초는 신진대사를 원활하게 하고 체내에서 디톡스 효과를 발휘한다. 특히 우리네 전통 천연식초는 호르몬의 원료인 유기산이 풍부하게 들어 있어, 신경통, 관절염, 당뇨병, 갱년기장애를 예방하고, 사구체 신염과 고혈압, 고지혈증에 효과적이다. 20년 넘게 전통 천연식초를 연구하고 있는 대구 달성군 '구관모천연식초연구소'의 구관모 소장을 만나 천연식초에 대한 예찬과 식초건강법에 대해 들어본다.

천연식초의 대가가 되기까지

우리나라에서 유일하게 식초로 3개의 발명특허를 받은 구관모 장인. 전기기술자로 대구에서 조그만 전파상을 경영하며 평범하게 살아가던 그가 천연식초 제조의 길로 들어서게 된 것은 사업 실패 후 택시 운전을 하며 생긴 신장염, 신장결석, 대장염, 위염, 간염 등의 각종 질병을 『삼위일체 장수법(안현필 저)』이란 책을 통해 알게 된 초란건강법으로 치유한 이후부터이다.

"그 책을 통해 '원인을 차단하면 결과는 스스로 다스려진다'는 평범한 진리에 눈을 뜨게 되었어요. 그래서 약을 끊고 등산을 통해 숲 속을 걸으며 폐활량을 늘렸지요. 먹는 것도 현미팥밥에 콩, 깨, 녹두, 마늘, 생강, 청국장과 생채소로 자연식을 했더니 몸이 눈에 띄게 좋아졌습니다."

특히 누룩과 현미로 만든 천연 현미식초를 마시면서 몸 상태는 더 호전됐다. 그래서 그는 안현필 씨를 직접 만나 건강연수 과정까지 밟은 뒤 '천연식초를 만들어 보라'는 그의 권유를 따라 개인택시 판돈으로 물 좋은 합천 율곡면 노태산 깊은 골로 들어가 식초 연구를 시작하였다.

"대구에 가족을 두고 홀로 들어갔어요. 외롭고 배고픈 시간이었죠. 동네 노인들의 조언과 책에서 배운 제조법으로 식초를 만들었는데 썩어서 그냥 버린 게 엄청났습니다."

천연 양조식초가 아닌 '진짜 천연식초'를 만드는 데는 꼬박 3년이 걸렸다. 그동안 동의보감을 비롯해 각종 건강관련 책들을 훑었고 한방식품 전문가 과정 등을 거치며 전문가의 길로 들어섰다. 식초 만드는 장인을 찾아 산골을 헤매기도 했다. 전국을 돌며 식초를 숙성시킬 항아리를 찾아 나서기도 했다.

여기서 멈추지 않았다. 구관모 장인은 팔도를 유랑하며 만난 식초 달인들의 가르침과 자신의 생생한 체험을 바탕으로 초란요법을 세상에 소개하기 위한 저술활동을 시작하였고 1997년에는 정부 지원금과 전통식품 제조허가 그리고 발명특허까지 땄다. 지금도 그는 모든 병의 원인은 효소와 칼슘 부족에 있다고 보아 초란(전통식초 + 유기농 달걀)과 초밀란(초란 + 꿀), 된장, 김치 등 발효음식의 중요성을 온몸으로 강조한다.

천연식초 제조에 있어 가장 중요한 것은?

'스스로 만족하는 식초를 빚는다' 는 신념과 자연 재료, 자연적인 발효과정, 재료의 구성 비율, 숨 잘 쉬는 초두루미(식초 항아리). 이것이 구관모 제조장인이 꼽는 천연식초 제조에 꼭 필요한 요소이다. 그중 그가 가장 큰 자산으로 아끼는 것은 초두루미다. 현재 초두루미는 2000개, 광명단 유약이 없는 큰 옹기 500개를 비롯해 2500개의 전통 항아리를 갖고 있다. 모두 구관모 장인이 지난 20년간 우리나라 곳곳을 돌며 모은 것이다. 언젠가는 구관모 식초박물관을 열 계획도 가지고 있다.

"우리 조상들은 식초항아리를 '초두루미라고 불렀어요. 초두루미는 스스로 온도와 공기의 양을 조절해 천연식초를 만들어줍니다. 생김새가 두루미와 닮아서 그렇기도 하고 두루미처럼 장수할 수 있는 식품을 담는 뜻이죠. 전 세계 어디를 찾아 봐도 식초 항아리를 이토록 절묘한 기능과 예술품으로 만들어 사용한 민족은 없습니다. 전라도 지방의 초두루미는 두루미 목처럼 목이 길고 유려한 곡선에 몸통이 작아요. 반면 경상도 것은 목

이 짧고 몸통이 크지요. 옛날 할머니들은 초두루미를 자식처럼 끌어안고 '니캉 내캉 살(너랑 나랑 살자)' 기원하며 흔들었는데, 초산균은 효소라 환경에 너무 민감해서 온도가 조금만 안 맞아도 변질이 일어나기 때문에 발효를 촉진시키기 위해 그런 거예요."

구관모 장인은 전통적인 식초 제조법으로 식초를 만드는데 인삼, 더덕, 석류, 오디식초 등 다양한 천연 식초를 만들 수 있지만, 송엽, 배, 생강, 대추를 이용한 송엽식초와 다슬기, 오미자, 생강, 도라지로 빚은 다슬기식초, 그리고 초란에 생화분과 꿀을 가미한 초밀란으로 특허를 받았다.

"우리 전통 천연식초는 누룩과 쌀로 빚은 술이 발효된 곡물초예요. 1년간 보관하면 천연식초가 되고 3년 이상 보관하면 적갈색의 흑초가 됩니다. 처음에는 사람의 손으로 식초를 만들지만 완성시키는 것은 사람의 힘이 아닙니다. 식초를 발효시키는 것은 효모지만, 효모의 활동을 돕는 것은 하늘과 땅의 기운이기 때문이죠. 사람은 담그는 역할만 하고 나머지는 식초 항아리를 품는 땅의 열과 태양과 바람의 조화로 이루어집니다. 한국의 전통식초는 과일로 만든 과일초가 아니라 누룩으로 만든 곡물초예요. 여기에 송엽 넣으면 송엽식초, 간에 좋은 다슬기 넣으면 다슬기 식초, 오디 넣으면 오디식초 등과 같이 원하는 대로 만들 수 있습니다.

우선 백미가 아닌 현미에 잘게 썬 솔잎을 섞어 술밥을 만들고 여기에 누룩, 엿기름, 배, 생강, 대추를 더해 술을 담근다. 이 술에 꿀을 섞어 항아리에서 발효시키고 1년가량 숙성시킨다. 이 식초가 바로 송엽초, 즉 솔잎식초다. 솔잎식초는 맑은 호박색을 띠고 냄새는 새콤달콤하면서 솔향기가 희미하게 섞여 있다. 빙초산식초나 알코올식초처럼 자극이 없고 구수한 현미 맛도 느껴지는 복잡한 맛이다.

"솔잎은 5월에 돋아나는 적송의 순에서 채취하는데, 고혈압·동맥경화·심장병 등 순환기 질환에 좋아요. 뾰족한 솔잎은 칼슘 성분이 많아 뼈를 튼튼하게 하고 혈액이 산성화하는 것을 막아 주지요. 한국의 각 가정마다 예전처럼 송엽식초를 만들어 마신다면, 뇌졸중으로 죽는 사람들이 거의 없어질 것입니다.

구관모 장인은 물 한 바가지 더 넣고 조금이라도 빨리 빚어내고 싶은 유혹, 대량생산의 욕심과 조급한 마음을 가장 경계한다고 한다. 식초는 빚는 자의 마음을 알고 있기에 그래서는 결코 제대로 된 천연식초를 빚어낼 수가 없기 때문이란다. 수입 농산물이나 방부제, 방향제, 착색제 없이 반드시 우리밀 누룩과 현미, 과일, 생수로 빚어 3년 이상 발효, 숙성시킨 전통 천연식초만을 만들고 판매하는 그는, 흑초로 유명한 일본 식초를 능가하는 한국 전통 천연식초를 만드는 것이 꿈이자 목표이다.

천연식초 제조장인 구관모 씨는…

사업 실패 후 택시 운전을 하면서 생긴 각종 질병을 누룩과 현미로 만든 천연 현미식초를 마시면서 죽을 고비를 넘기고, 천연식초 제조의 비법을 터득하기 위해 많은 연구를 하였다. 연구와 체험을 바탕으로 『옛날 식초 장수법』과 『초밀란으로 간암 다스리기』 및 『활성산소를 다스리는 초밀란 건강법』, 『내 몸을 살리는 천연식초』 등 책을 펴내고 수필가로도 활동 중이다. 송엽식초(1998년), 다슬기식초(2003년), 식초에 꿀을 가미한 초밀란(2008년) 등 세 종류의 식초에 대해 특허등록을 완료했으며 현재 대구 달성군 가창면 제조공장 옆에 숙성실을 겸한 식초 박물관을 짓는 중이다.

구관모 장인이 말하는 식초건강법

식초는 비타민C와 유기산, 칼슘 등 우리 몸이 흡수하기 쉬운 양질의 영양소 공급을 촉진하는가 하면 피부를 탄력 있게, 뼈를 튼튼하게 해 주는 식품이다. 특히 골밀도가 떨어져 골다공증의 위험이 있는 중년 주부들에게는 적극 권장할 만한 식품이다. 또한 식초는 식욕을 돋워주며 소화를 돕고 신진대사를 원활하게 하여 성장을 촉진, 자연치유력을 강화시키는 효능이 있다. 강력한 방부제인 동시에 강력한 살균제 작용을 해서 몸에 부작용이 없는 살균, 방부 역할도 해낸다. 따라서 식초를 먹으면 우리의 살과 피가 깨끗해진다는 것이 구관모 식초 연구가의 지론이다.

피로회복에 좋은 초란

초란을 장기 복용하면 혈액의 산성화를 막기 때문에 피로를 모르는 체질이 된다. 특히 정력증강과 만성간염의 예방과 치료에 필수라고 할 수 있다.

1 토종 유정란 7개와 천연 현미식초 1되(1.8L)와 뚜껑이 있는 유리병을 준비한다.
2 날계란은 깨끗이 씻고 병의 물기도 제거한 후 날계란을 껍질째 넣고 병 속에 식초를 붓는다.
3 뚜껑을 밀봉하고 상온(20~25도)의 약간 어두운 곳에 둔다.
4 일주일 정도 지나면 계란 껍질이 녹는다. 껍질의 내부 얇은 막은 녹지 않으므로 젓가락으로 터뜨려서 집어내야 한다.
5 남은 계란과 식초를 잘 젓고 하루 지나 냉장고에 보관한다.
6 하루 2~3회 식후에 밥숟가락으로 두 숟가락(25ml) 정도를 먹고 꿀물, 과즙, 생수 등에 타서 마시면 좋다.
7 보관은 반드시 냉장고에 하도록 한다. 특히 초란은 벌꿀과 1:1로 혼합하여 먹으면 최고인데 이것을 '초밀란' 이라고 한다.

변비에 좋은 초콩

초콩을 먹으면 생활하면서 마신 공해를 해독하고 소화를 촉진하는가 하면 변비 해소에 놀라운 효과를 나타내는 것으로 알려져 있다. 특히 3개월 이상 꾸준히 먹으면 고혈압과 변비 해소에 큰 도움을 받을 수 있다.

1 콩(메주콩, 서목태 등)을 마른 천으로 깨끗이 닦고 넓은 주둥이의 병에 식초를 1:3 비율로 듬뿍 붓는다. 이때 약간의 벌꿀을 혼합해도 좋다.
2 7일 후 아침, 저녁 식후에 콩 한 숟가락씩을 꼭꼭 씹어 먹거나 과일주스 만들 때 같이 넣어서 갈아 마신다.
3 꼭 냉장하여 보관한다.

항암 작용 으뜸인 초마늘

예로부터 마늘을 먹으면 감기와 설사를 예방한다고 한다. 이는 마늘의 성분이 폐를 강화시켜 기관지염이나 천식을 예방하는 효과가 있고 마늘의 강한 살균작용이 대장균이나 콜레라, 장티푸스균을 죽이기 때문인 것으로 알려져 있다. 때문에 항균작용이 있는 식초와 함께 먹으면 여름철 식중독 예방제로도 문제없다.

1 적당량의 마늘과 식초, 입구가 넓은 유리병을 깨끗이 닦아 준비한다.
2 껍질을 벗긴 마늘을 병에 넣고 마늘이 완전히 잠길 정도로 식초를 붓는다. 여기에 꿀을 약긴 침가하면 더욱 좋다.
3 뚜껑을 밀폐하고 직사광선이 비추지 않는 서늘한 곳에 보관한다.
4 1개월 정도 되면 맛이 드는데 식사 중에 반찬이나 식후에 먹는 것이 효능이 좋다. 천연식초는 그 자체로 소화효소이며 유산균이며 위산의 역할을 대신하기 때문이다.
5 간혹 절인지 2~3일 만에 마늘이 파랗게 변하는 경우가 있는데 이는 마늘에 함유된 원소나 아연이 초에 반응하면서 이원화되어 나타나는 현상이다. 먹어도 아무 지장이 없으며 몸에 해가 없다. 또 마늘초절임을 밝은 곳에 두었을 경우 하얗게 흐려지는 경우가 있는데 이 역시 마늘의 유화 아릴이라는 성분이 식초와 결합하여 생기는 경우이니 먹어도 무방하다.

CHAPTER 03

상큼한 식초 향이 솔솔
밑반찬 만들기

입맛이 없을 때 김치, 장아찌, 무침 등
식초를 활용한 밑반찬 한두 가지만 있으면 군침 도는
식탁을 차릴 수 있다. 신선해서 더욱 좋은 식초를 활용한 밑반찬들.
몸이 건강해지는 시큼한 요리에 빠져 보자.

버찌식초 과일물김치

과일의 달콤한 맛에 버찌식초의 향이 더해진 물김치로 남은 과일이나 채소를 넣어서 간단히 만들 수 있다.
식초로 신맛을 살려 익히지 않아도 잘 익은 듯 맛이 난다.

재료 (2인분)

사과	1/4개	물	적당량
배	1/8개	꽃소금	적당량
오이	1/4개	**물김치 국물**	
미나리	5줄기	버찌식초	3큰술
생강	1쪽	굵은소금	2/3큰술
식초	1/2작은술	물	1과 1/2컵

1 사과와 배를 깨끗하게 씻은 다음 배는 껍질을 벗기고, 사과는 기호에 따라 껍질을 두거나 벗겨서 2센티미터 크기로 얇게 저민다.

2 오이는 꽃소금으로 문질러 씻은 다음 2센티미터 토막으로 자른 다음 편으로 썬다.

3 미나리는 줄기만 다듬어 식촛물에 5분 정도 담갔다가 2센티미터 길이로 썬다. 생강은 껍질을 벗기고 편으로 썬다.

4 볼에 버찌식초와 물을 섞어 물김치 국물을 만들고, 여기에 사과, 배, 오이, 미나리, 생강을 넣고 굵은소금으로 간을 맞춘다.

🍶 마늘 없이 신선한 과일물김치

과일로 물김치를 담글 때 마늘은 넣지 않는 것이 좋다. 마늘이 들어가면 과일의 신선함이 없어지고 마늘 향만 남는다. 물김치에 들어가는 생강은 편으로 썰어서 건져 내기 편하게 한다.

수박식초 연근장아찌

탄수화물과 펙틴이 풍부한 연근은 지혈 작용도 하고 소화 기능도 촉진시킨다.
연근을 잘랐을 때 흰 점액이 나오면서 생기는 실은 뮤신이라는 성분으로 자양강장 작용을 한다.

재료 (2인분)

연근	150g
콜리플라워	1/5개
마른고추	1개
마늘	2톨
풋고추	1개

장아찌간장

간장	4큰술
수박식초	6큰술
설탕	2큰술
소금	1큰술
물	1과 1/2컵

1 연근은 껍질을 벗기고 한입 크기로 얇게 저며서 식촛물에 담가 갈변을 방지한다.

2 콜리플라워는 연근과 같은 크기로 잘라서 데친 다음 찬물에 헹구고, 고추는 1센티미터 크기로, 마늘은 편으로 썬다.

3 냄비에 간장, 수박식초, 설탕, 소금, 물을 넣고 끓였다 식혀서 밀폐용기에 1, 2의 내용물과 함께 담아서 냉장고에 보관한다.

4 하루 지나 간장만 따라서 끓인 다음 식혀서 다시 부어 냉장고에 보관한다. 기호에 따라 고추는 건져 낸다.

아삭아삭 생으로 먹는 연근

연근은 전분의 입자가 크기 때문에 씹을 때 입에 많이 남는다. 그래서 생으로 먹는 장아찌를 담글 때는 얇게 저미는 것이 좋다. 장아찌 간장을 끓여서 부을 때는 충분히 차게 식혀야 한다.

재료 (2인분)

가지 ·····················1개
영양부추 ···············1/5단
소금 ·····················조금

된장양념

일본된장 ···············1큰술
배식초 ·················2큰술
다진 마늘 ···············1작은술
설탕 ···················1/2작은술
참기름 ·················1/3작은술

1 가지는 씻어서 길쭉하게 자르고 김이 오른 찜통에 넣고 10분 정도 찐 다음 식힌다.

2 영양부추는 씻어서 3센티미터 길이로 자른다.

3 볼에 일본된장, 배식초, 마늘, 설탕, 참기름을 넣어서 잘 섞는다.

4 3의 된장양념에 가지와 영양부추를 넣어서 버무린다.

가지 손맛 나게 무치는 방법

가지를 푹 찐 다음 펼쳐서 빨리 식혀 주어야 영양부추의 숨을 죽이지 않고 씹는 맛도 살려 준다. 버무릴 때 된장을 가지에 바로 넣지 말고, 양념 재료들에 잘 풀어서 넣어야 잘 버무려진다.

배식초 가지무침

가지는 탄수화물, 식이섬유가 풍부하고 겉의 보라색은 안토시안 색소로 항산화 작용을 한다.
지방과 같이 먹으면 영양의 흡수가 더 촉진되며,
간장이나 췌장의 기능을 좋게 해서 꾸준히 먹으면 각종 질병을 예방할 수 있다.

오미자식초 메추리알조림

메추리알 노른자에는 케라틴 성분이 있어 탈모를 예방해 준다.
오미자식초 조금이면 메추리알의 누린내도 없애고, 훨씬 감칠맛 나는 조림을 만들 수 있다.

1 메추리알은 삶아서 껍질을 벗기고 찬물에 헹군다.

2 꽈리고추는 씻어서 꼭지를 뗀다. 마늘은 편으로 저미고, 생강은 껍질을
  벗기고 저민다.

3 냄비에 간장, 오미자식초, 마늘, 생강, 설탕, 조청, 소금, 물을 넣고 끓여
  서 1의 메추리알을 넣고 국물이 자작해지도록 졸인 다음 꽈리고추를
  넣어서 잘 섞는다.

장조림엔 역시 꽈리고추

꽈리고추를 처음부터 넣으면 색이 누렇게 변하고 아삭한 맛이 나지 않기 때문
에 끓인 다음 불을 끄고 바로 넣어서 꽈리고추의 향을 주면서 아삭함도 살린
다. 꽈리고추에 바늘로 구멍을 뚫으면 양념이 잘 밴다.

재료 (2인분)

조개젓	100g
청·홍고추	1개씩
양파	1/4개
다진 마늘	1작은술
다진 파	1/2큰술
깨소금	1작은술
고춧가루	1/2큰술
레몬식초	1/2큰술
참기름	1/3작은술

1 조개젓은 쌀뜨물에 한 번 씻은 다음 물기를 뺀다.

2 고추는 송송 썰고, 양파는 조개젓과 같은 크기로 썬다.

3 볼에 다진 마늘, 파, 깨소금, 고춧가루, 레몬식초, 양파, 고추, 조개젓, 참기름
을 넣어서 버무려 그릇에 담는다.

맛깔난 조개젓

조개젓을 그냥 무치면 너무 짜서 쌀뜨물로 씻는 게 좋다. 쌀뜨물이 짠맛을 가시게 하고, 비린 맛도 없애 준다.
조개젓을 담근 다음 충분히 삭힌 후 무쳐야 비리지 않다. 국산 조개젓이 알은 작아도 맛있다.

레몬식초 조개젓무침

조개는 단백질, 지질, 인, 칼슘, 나트륨이 풍부한 식품.
바지락은 간 해독에 탁월한 효능이 있어 술 마신 다음날 바지락국을 끓여 먹으면 간 기능을 회복시킨다.
나트륨이 많은 조개젓에 식초를 넣으면 비린 맛도 덜하면서 나트륨도 배출해 준다.

석류식초고추장 다시마말이

다시마에는 식이섬유, 나트륨, 요오드가 풍부하다.
다시마의 끈적끈적한 알긴산은 장에서 활발히 활동해 변비를 없애고 대장암을 예방해 준다.
칼로리가 거의 없기 때문에 많이 먹어도 살이 찌지 않고 당뇨환자에게도 좋은 식품.

재료 (2인분)

염장다시마 ················· 50g
청·적무순 ················ 1/2팩
꽃상추 ···················· 4잎
빨간 피망 ················· 1/2개

석류식초고추장

┌ 고추장 ················· 2큰술
│ 석류식초 ··············· 4큰술
│ 설탕 ················ 1과 1/2큰술
└ 통깨 ··················· 1작은술

1 염장다시마는 물에 깨끗하게 씻어서 소금기를 없앤 다음 찬물에 10분 정도 담가 짠맛을 뺀다. 이때 물을 3번 정도 갈아 준다.

2 무순과 상추는 깨끗하게 씻는다. 피망은 씨를 빼고 채 썬다.

3 분량의 재료로 초고추장을 만들고 1의 다시마는 3×10센티미터 크기로 자른다.

4 3의 다시마에 상추, 피망, 무순을 올려서 돌돌 말거나 데친 미나리나 부추로 묶고 초고추장을 곁들여서 낸다.

깔끔한 다시마말이

염장 다시마는 살짝 데친 다시마를 소금에 절인 것으로 다시마를 물에 여러 번 헹궈 짠 맛을 충분히 빼 주는 것이 중요하다. 부드럽게 먹으려면 한 번 데친 다음 사용한다. 적무순은 줄기가 붉은 무의 순으로 포장 제품이 판매되는데, 없으면 청무순만 넣는다.

재료 (2인분)

알배추 ······························1/4통
부추 ·······························20줄기
홍고추 ·······························1개

겉절이양념

┌ 파인애플식초 과육 ········2조각
│ 다진 마늘 ···················1/2큰술
│ 고춧가루 ·····················1큰술
│ 액젓 ···················1과 1/2큰술
│ 설탕 ·························1/2큰술
│ 깨소금 ····················1작은술
└ 소금 ···························약간

1 알배추는 깨끗하게 씻어서 한입 크기로 자르고, 부추는 씻어서 4센티미터 길이로 자른다.

2 고추는 반 갈라서 씨를 빼고 어슷하게 썬다.

3 파인애플식초 과육을 믹서에 곱게 갈아서 볼에 담고, 다진 마늘, 고춧가루, 액젓, 설탕, 깨소금, 소금을 넣고 잘 섞어서 겉절이양념을 만든다.

4 3의 양념에 알배추, 부추, 고추를 넣어서 버무리고 기호에 따라 소금으로 간을 맞춘 다음 뿌려서 그릇에 담아낸다.

아삭아삭한 겉절이

겉절이는 먹기 직전에 바로 무쳐서 내는 것이 중요하다. 양념은 미리 만들어 고춧가루를 불려 빛깔 좋게 해 두고, 채소는 씻어 냉장고에 보관했다가 먹기 직전 버무려서 내면 아삭아삭하면서 숨이 죽지 않는다.

파인애플식초 알배추겉절이

알배추는 쌈용으로 재배되는 배추로, 식이섬유와 칼슘이 풍부하다.
장의 연동 운동을 촉진해서 변비를 예방하고, 몸의 염증을 없애고, 감기도 예방해 준다.

굴식초드레싱 해물무침

해물에는 불포화 지방산인 DHA가 풍부해서 뇌신경 세포를 발달시키고 성장기 아이들의 두뇌 성장에
좋은 식품이다. 타우린도 풍부해 피로 회복에 좋고, 항암 작용도 한다. 고단백 저칼로리 식품으로
다이어트에도 좋다.

1 오징어는 껍질을 벗긴 다음 대각선으로 칼집을 넣고 2×4센티미터 크기로 잘라서 데친다.

2 새우는 두 번째 마디에서 내장을 뺀 다음 껍질을 벗긴다. 패주는 옆면에 있는 얇은 막을 벗기고 0.5센티미터 두께로 자르고 칼집을 조금 넣는다.

3 양송이버섯은 길이로 4등분한다. 싱싱하지 않으면 껍질을 벗긴다. 미니파프리카는 석쇠에 구워서 길게 반을 가른다.

4 양송이버섯, 새우, 패주를 팬에 볶다가 미니파프리카를 넣고 살짝 볶은 다음 접시에 꺼내 차게 식힌다.

5 귤식초 과육은 잘게 다지고, 볼에 나머지 드레싱 재료와 같이 넣어서 잘 섞는다. 여기에 4의 재료, 파슬리 다진 것을 넣어서 버무린다.

해물 산뜻하게 데치는 법

비린내가 많이 나는 해물을 데칠 때 화이트와인이나 청주를 넣으면 비린 맛이 어느 정도 없어진다. 삶을 때 대파, 양파와 같은 향채를 넣어 주면 단맛이 살면서 구수한 맛이 나기도 한다.

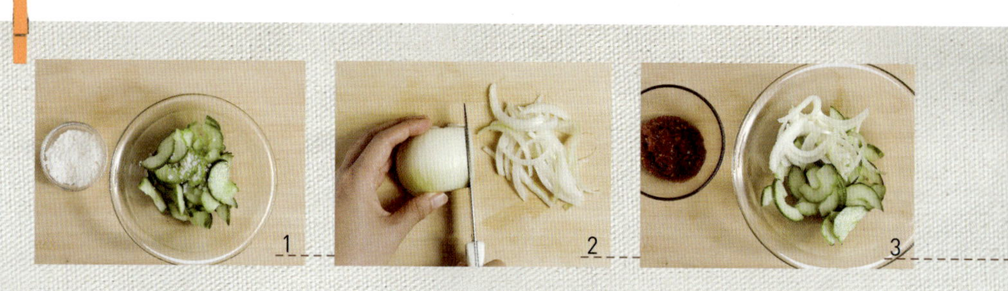

재료 (2인분)

오이 ·························· 1/2개
양파 ·························· 1/4개
꽃소금 · 소금 ············ 적당량

배식초고추장

┌ 고추장 ·················· 1큰술
│ 배식초 과육 ············ 30g
│ 설탕 ····················· 1큰술
│ 다진 마늘 ·············· 1작은술
│ 깨소금 ·················· 1작은술
└ 소금 ····················· 약간

1 오이는 꽃소금으로 비벼서 깨끗하게 씻은 후 길이로 반을 갈라 씨를 빼고
  얇고 어슷하게 썰어서 소금 1작은술을 넣고 5분 정도 절인다.
2 양파는 곱게 채를 썰고 찬물에 담가 매운맛을 뺀다.
3 배식초 과육은 껍질을 벗겨서 강판에 갈고 분량의 재료와 섞어 초고추장을
  만들고, 오이와 양파를 넣어서 버무려 그릇에 담아낸다.

꽃소금으로 깨끗하게 닦는 오이

오이를 소금으로 문질러 씻으면 소독도 되고 어느 정도 소금 간도 된다. 굵은소금은 구석구석 깨끗하게 닦이지 않기
때문에 수분이 많고 고운 정제염인 꽃소금을 이용하는 것이 좋다. 오이를 물에 담갔다 물기가 있을 때 닦으면 잘 닦인다.

배식초고추장 오이무침

오이에는 비타민C가 풍부하고 수분이 많아 갈증 해소에 좋다. 숙취 해소에도 좋아 술을 마실 때 안주로
먹으면 쉽게 취하지 않고 술이 빨리 깬다. 냉한 기운이 많은 식품으로 이뇨 작용도 한다.

참외식초 모둠피클

식이섬유가 풍부하고 당질이 풍부한 알칼리 식품 우엉과 소화효소가 풍부하고 해독 효과도 좋은 무와
베타카로틴이 풍부한 당근에, 비타민과 무기질이 풍부한 브로콜리까지
다양한 허브를 넣어 향을 내는 서양식 장아찌 피클로 모았다.

재료 (2인분)

우엉 ·······························1토막
무 ·································1/10개
당근 ································1/6개
브로콜리 ····························1/4개
마른고추 ·····························2개
마늘 ·································4톨
참외식초 과육 ·······················3조각
소금 ·······························적당량

피클주스

┌ 참외식초 ·························6큰술
│ 설탕 ·····················2와 1/2큰술
│ 소금 ·····························1큰술
│ 월계수 잎 ·························2잎
│ 정향 ·····························4개
│ 통후추 ·························1/2큰술
└ 물 ·······························2컵

1 우엉은 껍질을 벗기고 도톰하게 썰어서 물에 담가 둔다. 무, 당근도 우엉과
  비슷한 크기로 자른다.

2 브로콜리는 2센티미터 크기로 잘라서 끓는 물에 데친 다음 찬물에 헹구고,
  마른고추는 1센티미터 크기, 마늘은 편으로 썬다.

3 긴져 낸 우엉과 무, 당근은 소금 1/2큰술을 넣고 버무려서 30분간 재운다.

4 냄비에 분량의 피클주스 재료를 넣은 다음 끓으면 불을 끄고 식힌다.

5 밀폐용기에 우엉, 무, 당근, 마른고추, 마늘, 참외식초 과육, 피클주스를 넣
  어서 하루 정도 냉장고에 보관한다.

6 하루 지난 4의 피클주스만 따라 내서 끓였다 식혀서 다시 부은 다음 냉장고
  에 보관한다. 이 과정을 두 번 반복한다.

🍶 미리 절여 아삭한 피클

피클을 오래 두고 먹을 경우 미리 소금에 절여서 충분히 수분을 뺀 후에 담가
야 다 먹을 때까지 아삭하면서 맛있게 먹을 수 있다. 미리 소금에 절일 경우
30분 이상 충분히 절이는 것이 좋다.

CHAPTER 04

식초로 멋 부린 일품요리

아이들 생일상이나 손님상에 마땅한 메뉴가 없어
고민이라면 과일식초를 활용해 새롭게 맛을 내보는 건 어떨까?
늘 접해 왔던 요리라도 과일식초의
특별한 향이 어우러져 음식 맛이 살아난다.

재료 (2인분)

밥 ·····················2공기
새우살 ·····················100g
감자(작은 것) ·····················1개
파프리카 ·····················4개
소금 ·····················적당량
통후추 으깬 것 ·····················1/3작은술
포도씨오일 ·····················2큰술
수박식초 ·····················4큰술

1 새우살은 옅은 소금물에 흔들어 씻은 다음 잘게 다져 놓고, 감자는 껍질을 까고 잘게 썰어서 찬물에 담가 둔다.

2 파프리카 밑을 세워 두기 편하게 살짝 자르고, 위 꼭지 부분도 1센티미터 두께만큼 자른다. 속의 씨는 깨끗하게 뺀다. 파프리카 꼭지와 밑 부분 자른 것은 잘게 다진다.

3 팬에 포도씨오일 1/2큰술을 두르고 새우살과 감자를 넣고 잘 볶다가 다진 파프리카, 소금, 통후추 으깬 것을 넣어서 더 볶은 다음 식힌다.

4 뜨거운 밥을 볼에 담고 그 속에 수박식초를 넣고 버무려 휘발시킨다. 여기에 3의 채소, 남은 포도씨오일을 넣고 소금으로 간을 맞춘다.

5 파프리카에 4의 밥을 담은 다음 그릇에 담아낸다.

해물 씻을 땐 바닷물 농도의 소금물로

해물을 옅은 소금물로 씻을 때 농도는 바닷물 농도로 맞추어야 삼투압으로 맛이 빠져나가지 않는다.
소금 1/2큰술에 물 1컵 정도가 적당하다.

수박식초 파프리카컵밥

파프리카는 색깔에 따라 조금씩 다른 효능이 있다.
붉은색은 면역 증강에, 노란색은 감기 예방과 피부에, 녹색은 비만에 좋다.
볶음밥, 비빔밥에 색색의 파프리카를 넣어 색도 살리고 영양도 갖춘다.

참외식초 비빔국수

싹이 튼 후 잎이 막 자라기 시작해 비타민A와 C가 풍부한 어린잎채소와
참외식초로 만든 비빔장을 얹은 시원한 비빔국수를 민들어 보자.

재료 (2인분)

국수	150g
어린잎채소	1컵
오이	1/4개
적채	2잎
깻잎	5장
소금	1/2작은술
깨소금	1큰술
참기름	1/2큰술

참외식초비빔장

고추장	4큰술
참외식초	8큰술
설탕	3큰술
소금	조금
다진 마늘	1작은술

1 냄비에 물을 넉넉하게 넣고 끓으면 소금을 넣고 국수를 부채 모양으로 돌려서 넣은 다음 삶는다. 끓어오르면 찬물을 붓기를 2~3번 한다.

2 삶은 국수는 깨끗하게 씻고 마지막에는 얼음을 조금 넣어 헹군다.

3 어린잎채소는 찬물에 헹궈 물기를 빼고, 오이는 깨끗하게 씻어서 곱게 채를 썰어 둔다.

4 적채, 깻잎은 곱게 채를 썬 다음 찬물에 담갔다가 물기를 뺀다.

5 볼에 분량의 재료로 비빔장을 만들어 국수와 같이 버무려 그릇에 담고 그 위에 어린잎채소, 오이, 적채, 깻잎, 참기름, 깨소금을 얹어 낸다.

쫄깃하고 매끈한 면발

국수를 삶을 때 찬물을 중간 중간 부어 주면 면발에 탄력이 생긴다. 국수를 삶은 후에는 찬물에 충분히 헹궈 전분을 없애야 먹을 때 찌걱거리지 않고 쫄깃하면서 매끈한 국수 면발을 즐길 수 있다.

재료 (2인분)

아스파라거스 ················6개
미나리 ··············10줄기
밥 ··················2공기
발효와사비(튜브형) ··········1큰술

단촛물
┌ 오미자식초 ············5큰술
│ 소금 ················1작은술
│ 설탕 ················2큰술
└ 다시마(5×5cm) ··········1장

와사비소스
┌ 발효와사비 ············1큰술
│ 수제마요네즈 ··········2큰술
│ 레몬식초 ··············2큰술
│ 설탕 ··············1/2큰술
│ 생크림 ··············1큰술
│ 소금 ··············1/4작은술
└ 흰후추 ··············1/3작은술

화이트소스
┌ 수제마요네즈 ··········2큰술
│ 레몬식초 ··············2큰술
│ 설탕 ··············1/2큰술
│ 생크림 ··············1큰술
│ 소금 ··············1/4작은술
└ 흰후추 ··············1/3작은술

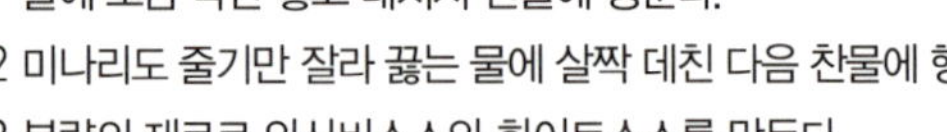

1 아스파라거스는 6센티미터 길이로 자른 다음 길이로 반을 가르고 끓는 물에 소금 약간 넣고 데쳐서 찬물에 헹군다.

2 미나리도 줄기만 잘라 끓는 물에 살짝 데친 다음 찬물에 헹군다.

3 분량의 재료로 와사비소스와 화이트소스를 만든다.

4 볼에 소금, 설탕, 다시마, 오미자 식초를 넣고 소금과 설탕을 충분히 녹여 단촛물을 만든 후 다시마를 건져 내고 뜨거운 밥을 넣어서 잘 섞어서 식힌다.

5 4의 밥이 식으면 먹기 좋은 크기로 초밥을 뭉친다.

6 5의 초밥 위에 발효와사비를 조금 바르고 그 위에 아스파라거스를 얹은 다음 미나리로 묶는다.

7 접시에 6의 초밥을 담고 그 위에 와사비소스와 화이트소스를 곁들여서 낸다. 기호에 따라 간장을 곁들여도 좋다.

부드러운 아스파라거스만

아스파라거스는 부러뜨려 보아 자연스럽게 부러지는 윗부분을 쓴다. 밑의 딱딱한 부분은 바람이 들어 맛도 좋지 않다. 아스파라거스는 재빨리 데친 다음 찬물에 바로 헹궈야 비타민C의 손실이 적다.

오미자식초 아스파라거스초밥

아스파라거스에는 알코올 해독에 좋은 아스파라긴산이 많이 들어 있어 숙취 해소에 효과가 있다.
루틴이라는 성분이 풍부해 혈압을 떨어뜨리고, 이뇨 작용에, 내분비 장애를 호전시키는 역할도 한다.

바나나식초소스 냉라비올리

이탈리아식 만두 라비올리는 동그라미, 반달, 네모, 세모 등 다양한 모양으로 만든다. 원래는 페타치즈나
리코타치즈를 소로 넣지만 고기나 해물 등 다양한 재료를 넣어 맛을 한층 풍부하게 하기도 한다.

재료 (2인분)

파슬리 다진 것 ············1큰술
에멘탈치즈 ···············약간
밀가루 ···················1/2컵

반죽

┌ 강력분 밀가루 ············1컵
│ 시금치즙 ···············3큰술
│ 소금 ··················1/3작은술
│ 올리브오일 ··············1큰술
└ 물 ···················2와 1/2큰술

라비올리 소

┌ 모차렐라치즈 ············1/2컵
│ 파머산치즈 ··············1큰술
│ 밀고기 ·················10g
│ 소금 ··················1/3작은술
│ 후추 ··················1/4작은술
└ 우유 ··················1큰술

바나나식초소스

┌ 바나나식초 과육 ········4조각
│ 바나나식초 ··············1큰술
│ 소금 ··················1/2작은술
│ 후추 ··················1/3작은술
│ 올리브오일 ·············2큰술
└ 꿀 ···················1과 1/2큰술

1 밀고기는 물에 10분 정도 불린 다음 물기를 빼서 곱게 다진다. 여기에 다진 모차렐라치즈, 파머산치즈, 소금, 후추, 우유를 넣어서 라비올리 소를 만든다.

2 볼에 밀가루 1컵, 시금치즙, 소금, 올리브오일, 물을 넣어서 약간 되직하게 반죽한 다음 30분 정도 숙성시킨다.

3 2의 숙성된 반죽은 밀가루를 발라 가면서 얇게 민 다음 소를 조금씩 떼어 올리고 다시 반죽을 덮어서 원하는 크기로 자른다.

4 분량의 바나나식초소스 재료를 믹서에 넣은 다음 곱게 갈고, 3의 라비올리를 끓는 물에 삶은 다음 식힌다.

5 삶은 라비올리가 식으면 4의 소스와 버무려 그릇에 담고 그 위에 파슬리 다진 것을 뿌린다. 에멘탈치즈도 그레터(강판)로 갈아서 살짝 뿌린다.

🍶 건강한 천연치즈

첨가물이 들어가는 시판치즈를 아이들에게 먹이기 꺼림칙하다면 유기농 코너에서 판매하는 천연치즈를 이용한다.

양파	1/2개
셀러리	1대
밥	2공기
다진 마늘	1작은술
후추	1/3작은술
체다치즈	1개
달걀	6개
생크림	1/4컵
소금	적당량
올리브오일	적당량

밀고기토마토소스

토마토소스	1컵
토마토식초	2큰술
소금	조금
후추	1/3작은술
설탕	1/2작은술
다진 마늘	1/2큰술
밀고기	15g
물	1/2컵
올리브오일	1큰술

1 양파는 껍질을 벗기고 씻어서 작게 자르고, 셀러리는 겉의 섬유질을 벗기고 양파와 같은 크기로 썬다. 체다치즈는 0.5센티미터 크기로 자른다.

2 볼에 달걀을 푼 다음 생크림을 넣어서 더 섞은 후 소금을 조금 넣는다.

3 팬에 올리브오일을 두르고 마늘을 볶다가 양파와 셀러리를 넣어서 볶는다. 소금, 후추를 넣어 간을 맞춘 후 밥을 넣어 잘 볶는다.

4 밀고기는 물에 10분 정도 불린 다음 물기를 빼고 잘게 다진다. 냄비에 올리브오일을 두른 다음 마늘을 볶다가 밀고기를 비롯한 나머지 밀고기토마토소스 재료를 넣어서 끓인 다음 불을 끈다.

5 오믈렛 팬에 올리브오일을 넉넉히 두른 다음 2의 달걀 물을 넣고 젓가락으로 돌려서 스크램블 한다.

6 5의 스크램블한 달걀 위에 체다치즈, 볶음밥 순으로 올린 다음 전체를 뒤집어서 달걀이 위로 오도록 접시에 담고 토마토소스를 얹어서 낸다.

스크램블이 잘된 부드러운 오믈렛

스크램블은 달걀을 젓가락으로 저어서 부드럽게 하는 것이다. 팬을 달군 다음 기름을 넉넉히 두르고 재빨리 돌려야 완성된 오믈렛을 먹었을 때 부드럽다.

밀고기토마토소스 오믈렛

셀러리에 풍부한 유기 나트륨은 땀을 많이 흘리는 사람에게 갈증을 해소해 주고 체내 산소 공급과 혈액의
생성을 도와준다. 밀가루 단백질만을 모아 만든 밀고기를 이용하면 육식을 하지 않고도 고기와 같은
식감을 즐길 수 있다.

버찌식초 흰살생선탕수

튀긴 재료를 새콤달콤 걸죽한 소스와 함께 먹는 탕수 요리. 단백질은 풍부하지만 지방이 적고,
소화가 잘되어 아이들이나 노인, 비만인 사람에게 좋은 흰살생선으로 만들어 본다.

흰살생선 ·················200g
양파 ·······················1/4개
오이 ·······················1/4개
당근 ·······················1/6개
목이버섯 ·····················2잎
참기름 ···············1/3작은술
후추 ················1/3작은술
소금 ·······················조금
식용유 ·····················적당량
녹말가루 ·················4큰술
달걀 ·························2개

탕수소스

버찌식초 ···················6큰술
설탕 ·······················3큰술
소금 ·······················적당량
참기름 ···············1/2작은술
물녹말 ·····················2큰술
물 ·························1컵

1 생선은 길쭉하게 자른 다음 소금, 참기름, 후추를 넣어서 밑간하고 달걀, 녹말가루를 넣어서 버무린다.

2 170℃기름에 1의 흰살생선을 노릇하게 두 번 튀겨서 기름을 뺀다.

3 양파는 2센티미터 크기로 썰고, 오이와 당근은 칼집을 넣어 2센티미터 폭의 마름모 모양으로 썬다.

4 목이버섯은 찬물에 담가서 불린 다음 딱딱한 배꼽 부위를 떼고 적당히 뜯는다.

5 팬에 채소를 살짝 볶은 다음 식히고, 참기름과 물녹말을 제외한 분량의 탕수소스 재료를 넣은 다음 끓으면 물녹말을 넣어서 농도를 맞춘다.

6 5의 소스에 채소, 튀긴 생선을 넣어서 버무리고 불을 끈 다음 참기름을 넣어서 그릇에 담아낸다.

투명하고 걸죽한 탕수소스

탕수소스를 만들 때 물녹말은 저으면서 넣어야 덩어리가 지지 않고 투명하게 된다. 물녹말의 농도는 녹말가루와 물의 비율이 1:1이 가장 좋다. 탕수에 들어가는 목이버섯은 뜨거운 물에 불리면 쉽게 물러지므로 반드시 찬물에 불린다.

버찌식초 연두부카나페

연두부는 일반 두부보다 맛이 부드럽고, 냉채나 샐러드에 잘 어울린다.
일반 두부보다 수분이 50%나 더 많아 소화가 잘 안 되는 아이나 노인들에게 좋다.

재료 (2인분)

연두부 ·····················1팩
래디시 ·····················1개
어린싹 ·····················1/2컵
무순 ·····················1/4팩

버찌식초간장

┌ 버찌식초 ·····················2큰술
│ 간장 ·····················2큰술
│ 참기름 ·····················1/2작은술
└ 맛술 ·····················1작은술

1 연두부는 꽃 모양 틀로 찍어서 1센티미터 두께로 자른다.
2 래디시는 곱게 채 썰어서 찬물에 담갔다가 물기를 뺀다. 어린싹, 무순
  은 깨끗하게 씻는다.
3 제시된 분량의 재료로 버찌식초간장을 만든다.
4 접시에 연두부를 담고 그 위에 어린싹, 무순, 래디시를 얹고 초간장을
  곁들여 낸다.

깔끔하게 한입, 카나페

래디시는 2~3센티미터 크기에 겉이 붉은 작은 무로 샐러드나 허브 코너
에서 살 수 있다. 연두부카나페에 올라가는 채소들은 식촛물에 씻어 사용
하는 것이 위생상 좋다. 연두부는 끓는 물에 살짝 데친 다음 찬물에 담가
식혀서 먹으면 더 고소하다.

레몬식초소스 굴튀김

굴에는 단백질과 칼륨, 나트륨, 마그네슘 등의 무기질이 풍부하다.
굴과 궁합이 잘 맞는 레몬으로 소스를 만들면 굴에 풍부한 철분의 흡수를 레몬이 도와준다.

재료 (2인분)

굴	200g
포도씨오일	적당량
무즙	1/2컵
꽃소금	1큰술
물	2컵
밀가루	1컵

튀김옷

달걀	2개
박력분 밀가루	1/2컵
물	1/4컵
실파	2줄기

레몬식초소스

레몬식초	4큰술
레몬식초 과육	1조각
소금	조금
설탕	1큰술
후추	1/3작은술

1 굴은 옅은 소금물에 한 번 흔들어 씻어 불순물을 없앤 다음 무즙에 흔들어 씻고 물기를 뺀다.

2 볼에 달걀을 푼 다음 밀가루와 물을 넣어서 튀김옷을 만들고 실파를 송송 썰어 넣는다.

3 굴에 밀가루를 먼저 묻힌 다음 2의 튀김옷을 입혀서 180℃에서 노릇하게 튀기고 기름을 뺀다.

4 레몬식초 과육은 잘게 다져서 나머지 재료와 섞어 레몬식초소스를 만들고 굴튀김과 곁들여 낸다.

굴튀김을 바삭하게

굴을 튀길 때 밀가루를 바른 채 오래 두면 튀긴 다음 쉽게 껍질이 벗겨질 수 있다. 이런 경우에는 굴의 물기를 충분히 뺀 다음 밀가루를 묻혀서 바로 달걀과 빵가루를 묻힌다. 빵가루는 수분을 약간 준 다음 사용한다. 밀가루는 글루텐 함량에 따라 박력분, 중력분, 강력분으로 나뉘는데, 바삭한 과자나 튀김에는 박력분을 사용한다.

재료 (2인분)

오징어 ·················1마리
박력분 밀가루 ·········1/2컵
달걀 ·················1개
빵가루 ·················1컵
파인애플 ···············1/10개

파인애플식초소스

┌ 파인애플식초 ·······3큰술
│ 머스터드 ···········1큰술
│ 생크림 ·············4큰술
│ 설탕 ···············1작은술
│ 후추 ···············1/3작은술
└ 소금 ···············조금

1 오징어는 껍질을 벗긴 다음 길쭉하게 썰고, 빵가루에는 물 3큰술 정도를 넣어서 촉촉하게 한다.
2 1의 오징어에 밀가루, 달걀, 빵가루 순으로 튀김옷을 묻힌 다음 170℃에서 노릇하게 튀긴다.
3 파인애플은 껍질을 벗기고 3센티미터 크기로 썬다.
4 분량의 파인애플식초소스 재료를 모두 믹서에 넣어서 간다.
5 볼에 튀긴 오징어, 파인애플, 소스를 넣어서 버무린 다음 그릇에 담아서 낸다.

부드럽게 씹히는 오징어튀김

오징어의 껍질을 벗기고 속에 칼집을 넣어서 튀기면 질기지 않고 훨씬 부드럽다. 튀긴 다음 기름을 충분히 빼고, 어느 정도 식힌 후 버무려야 생크림이 분리되지 않는다.

오징어튀김 파인애플버무리

새콤한 파인애플식초에 매콤한 머스터드와 부드러운 생크림까지 더한 소스.
조직이 단단해서 소화하기 어려운 오징어를 파인애플과 버무려 소화를 돕는다.

시금치감자 라자냐

라자냐는 밀가루 반죽을 밀대로 얇게 펴고 잘라 그라탱 그릇에 한 켜씩 깔고
그 위에 시금치, 치즈, 화이트소스, 해물 등 재료를 켜켜로 올려 오븐에 굽는 요리.
밀가루 반죽 대신 알칼리 식품 감자로 색다르게 만든다.

재료 (2인분)

감자(중간크기) ·············· 2개
시금치 ························ 1/2단
모차렐라치즈 ················ 1컵
양파 ·························· 1/2개
청·홍피망 ···················· 1/2개씩
포도씨오일 ·················· 1큰술
소금 ·························· 조금

화이트사우어소스

┌ 사과식초 ···················· 3큰술
│ 우유 ························· 1/2컵
│ 물 ··························· 1/2컵
│ 밀가루 ······················ 1큰술
│ 버터 ························· 1큰술
│ 소금 ························· 조금
│ 통후추 으깬 것 ·············· 1/3작은술
└ 설탕 ························· 1작은술

1 감자는 껍질을 벗기고 얇게 자른 다음 끓는 물에 부서지지 않을 정도로 삶아서 식힌다.

2 시금치는 다듬어서 끓는 물에 살짝 데친 다음 찬물에 헹궈서 물기를 빼고 잘게 썬다.

3 양파, 피망은 잘게 다진다. 팬에 포도씨오일을 두르고 양파를 볶다가 시금치, 피망을 넣어서 살짝 볶은 다음 식힌다. 소금을 약간 넣어서 간을 한디.

4 팬에 버터를 넣어 녹인 후 밀가루를 넣어서 색이 나지 않도록 볶은 다음 물을 넣어서 잘 푼다. 남은 물과 우유를 넣어서 농도를 맞춘 다음 사과식초, 우유, 소금, 통후추 으깬 것, 설탕을 넣고 간을 맞추어 화이트사우어소스를 만든다.

5 그라탱 그릇에 감자를 깔고 그 위에 3의 채소를 얹고, 모차렐라치즈, 화이트사우어소스 순으로 올린다. 그릇에 채워질 정도로 반복하고 맨 위에 모차렐라 치즈를 덮어 180℃ 오븐에서 15분 정도 굽는다. 치즈가 타지 않도록 주의한다.

🍶 고소한 감자라자냐

감자를 미리 익혀 라자냐를 만들면 그냥 넣는 것보다 빨리 익으면서 다른 재료와 맛의 조화도 더 잘 된다.
삶아서 만들면 담백한 맛이 나고, 팬에 기름을 넉넉하게 두르고 노릇하게 구워 만들면 고소한 맛이 좋다.

하나님이 주신
아름다운 세상을 밝혀 나가요!

생협이란 생활의 다양한 요구들을 협동의 힘으로 개선하고 해결하기 위한 소비자들의 협동조합이며, 조합원이 출자, 운영하고 스스로 주인이 되는 비영리단체이다. 외국에서는 소비자생활협동조합으로 알려져 있는데, 왜곡된 유통구조와 자본의 일반적 횡포에 대항하여 질 좋은 상품을 저렴하게 이용하기 위한 구매조합에서 생협의 뿌리를 찾을 수 있다. 우리나라에서는 도매상들의 횡포가 심하였던 농촌과 광산지역을 중심으로 1970년대 후반과 1980년대 초반에 첫걸음을 내딛기 시작했는데 1980년대 중후반부터 도시 소비자는 안전한 먹을거리를 안심하고 제공받고 농민은 붕괴되는 우리 농업을 살리기 위해 친환경농산물 직거래를 전개하게 되었다. 1990년대에 들어서는 대학 구성원의 복지향상과 편의를 제공하기 위한 대학생협과 건강한 지역사회를 만들어가기 위한 의료생협도 만

들어졌다. 현재에도 문화와 교육, 복지 등 여러 분야에서 협동의 힘으로 문제를 해결하고 대안을 만들기 위한 여러 노력이 진행되고 있다. 이번에는 그 중에 그리스도인들의 힘을 모아 생활협동조합을 결성한 예장생협에 대해 알아본다.

생협은 일반기업과 무엇이 다를까요?

생협은 스스로 만드는 생활공동체입니다. 투자자와 운영자, 이용자가 각각 분리되어 있는 일반기업과 달리 생협은 출자와 운영, 이용이 모두 조합원에 의해 이루어집니다. 또한 기업은 이윤을 목적으로 상품을 생산하고 제공하지만 생협은 필요로 하는 사람들이 스스로 설립하고 운영하기에 이윤을 최우선의 목적으로 하지 않습니다. 또 일반기업의 투자자는 보유한 주식 수에 따라 의결권이 주어지지만 생활협동조합은 출자금액의 많고 적음에 관계없이 1인 1표의 운영원리를 가지고 있습니다. 따라서 자본의 논리를 따르지 않고 조합원의 의사와 요구에 의한 운영을 하게 됩니다. 회원제로 운영하는 기업이라면 생협과 비슷한 점이 있을 수 있지만 생협은 조합원들이 공동출자하여 스스로 운영하며 경영성과도 조합원들에게 공평하게 분배되는데 반해 일반

기업은 특정개인이 운영하기 때문에 회원제라고 해도 단지 이용의 권리만 주어지며 이익금 역시 특정한 개인에게 돌아간다는 점에서 다릅니다.

예장생협은 언제 어떻게 설립되었나요?

예장생협은 대학생협, 의료생협, 지역생협과는 달리 종교적 특성을 가지고 전국 공급망으로 사업을 진행하고 있습니다. 1992년 기독교농민회, 기독교감리회 농촌목회자협의회, 기독교장로회 농민목회자협의회, 예수교장로회 농민목회자협의회가 우리농촌살리기 기독교협의회를 결성한 것이 예장생협의 뿌리가 됩니다. 이듬해 우루과이라운드 기독교 대책협의회를 결성하고 예장생협의 현재 이사장인 김재일 목사가 집행위원장이 되어 활동하기 시작했습니다.

1994년에 우루과이라운드 기독교 대책협의회가 우리농업지키기 범국민운동본부에 참여합니다(김재일 목사 집행위원장이 집행위원으로 참여). 그 속에서 생산자 공동체운동을 해오던 농민과 목회자들은 우루과이라운드 협상에 대한 지속적인 문제 제기와 더불어 그 대안으로 유기농 도농 직거래 사업에 대해 수차례 논의한 끝에 생협을 결성하기로 하고 법인명을 예장소비자생활협동조합으로 하기로 하였습니다.

하지만 기독교감리회는 이미 감리교 농도매장을 독자적으로 운영을 시작하였고 기독교장로회 측은 준비가 되지 않아서 관심이 아직은 미약한 관계로 우선 대한예수교장로회를 중심으로 생협을 만들고 차후에 문호를 개방하기로 결정하고 이름을 예장생협으로 했습니다.

처음에는 사무실과 매장을 강남구 대치동에 두고 매장 중심으로 운영을 하였으나 현재는 모든 직영매장은 폐쇄하고 자매 매장들에 생활재를 공급해 주는 방식과 직접 조합원의 가정에 배송하는 직배공급과 택배회사를 통한 택배공급으로 운영하고 있습니다. 또한 용인과 분당권에서만 활동하는 주민생협과 연대하여 생활재공동개발과 물류관리를 협력하여 진행하고 있습니다.

예장생협만의 이념과 특징은 무엇인가요?

친환경 유기농산물을 파는 곳도 많고 생협도 많지만 예장생협은 다음과 같은 네 가지 점에 색깔을 가지고 활동을 합니다.

첫째, 예장생협은 그리스도인들의 사랑과 믿음의 열린 공동체입니다. 출발은 장로교에 속한 농촌과 도시의 일부 그리스도인들이 함께 만들었지만 예장생협은 교파와 교단, 개신교와 카톨릭을 떠나 모든 그리스도인뿐만 아니라 예장생협에 관심을 가진 모든 분들이 똑같은 권리와 의무를 가지는 민주적인 평등한 열린 공동체입니다. 예장생협은 조합원들의 적극적인 참여를 통하여 그리스도인의 사랑과 믿음으로 이 세상을 믿을 수 있는, 더불어 사는 협동과 연대의 세상을 만들어 갑니다.

둘째, 농촌 교우들과 농촌 교회와 농촌이 함께 하는 공동체입니다. 예장생협은 출발부터 농촌 선교와 농민운동에 관심을 가진 농촌 목회자와 평신도와 더불어 만들었습니다. 예장생협이 존재하는 이유는 열심히 노력하는 농촌 교회의 목회자들과 그리스도인들과 함께 하기 위해서입니다. 그분들에게 예장생협이 필요 없어질 때 예장생협도 막을 내리게 될 것입니다.

셋째, 하나님이 주신 아름다운 세상을 지키고 밝히는 공동체입니다. 예장생협은 ‘서로 사랑하라’고 하신 예수님의 최고의 당부 말씀을 활동의 모든 지표로 삼아 유기농업을 실천하고 이용하는 것뿐만 아니라 일회용품을 가급적 배제하고 친환경적인 생활재를 적극적으로 개발·보급하고 이용함으로써 우리 아이들에게 아름다운 땅과 깨끗한 바다, 더불어 사는 살맛나는 세상을 물려 주는 공동체를 지향합니다.

넷째, 조합원의 건강을 지키는 공동체입니다. 예장생협은 자연과 농촌의 건강을 넘어 조합원의 가정이 건강한 가정이 되도록 함께 노력하는 공동체입니다. 하나님이 창조하는 아름다운 창조 세계의 조상들은 믿을 수 없을 정도로 장수한 분들이었고 건강한 분들이었습니다. 예장생협은 모든 먹을거리의 기준을 안심하고 먹을 수 있는 안전한 먹을거리가 되게 할 뿐만 아니라 각종 프로그램과 교육, 자료를 통해 조합원의 건강을 함께 지켜 나가고자 합니다. 건강한 삶의 최고 기준은 약이나 보약이 아니라 창조질서에 맞춘 삶임을 확신하며 이를 조합원과 함께 실천합니다.

예장생협 조합원이 되면 어떤 권리와 의무가 주어지나요?

예장생협의 조합원이 되면 생협의 주인으로서 운영주체가 되기 때문에 예장생협의 가장 큰 의사결정기구인 총회에 참석하여 사업과 운영방향에 대해 발언하고 의결권을 행사할 수 있습니다. 또한 이사나 각종 위원회의 의원으로 참여하거나 일상 생활에서 발생하는 여러 문제를 여럿이 함께 의논하고 힘을 합쳐 해결하기 위한 활동을 할 수 있습니다. 이밖에 예장생협이 주관하는 각종 교육 및 활동 프로그램과 생산자와의 교류활동에 주체적으로 참여할 수 있으며 지역모임을 통해 같은 생각, 같은 고민을 하는 사람들과 공부하고 토론하고 실천하며 더불어 사는 세상을 함께 만들어 나갑니다. 예장생협의 조합원이 되려면 가입할 때 2만 원 이상을 출자해야 하고 생활재 이용 시 매회 1,000원씩을 이용 출자금으로 납부하는데, 훨씬 저렴한 가격으로 상품을 구매할 수 있습니다.

예장생협에서 생활재를 구매하려면 어떻게 해야 하나요?

예장생협은 매장이 없고 직배 혹은 택배를 위주로 하기 때문에 생활재를 받기 3일전 오후 6시까지 인터넷이나 전화로 주문해 지역별로 편성된 공급요일에 배송됩니다. 예를 들어 목요일에 배송 받고자 할 경우 월요일 오후 6시까지 주문하면 주문내역을 취합하여 생산지에 발주를 넣고 산지별로 1~2일안에 예장생협으로 상품이 입고되며 3일째 되는 날에 조합원의 각 가정으로 배송되는 것입니다. 예장생협이 직접 배송하는 곳은 서울과 수도권 지역이며 이 외의 지역은 일반택배로 배송됩니다.

주문전화/상담 080-417-0141 (서울/수도권만 가능), 02) 426-5801, 5803~4 FAX) 3013-6378
인터넷주문 www.yj-coop.or.kr

CHAPTER 05

식초 한 방울로 맛을 살린다
샐러드와 냉채

식초를 가장 잘 활용할 수 있는 요리는 역시 샐러드와 냉채.
채소의 살아 있는 신선함을 그대로 살리면서 과일식초로 맛을 낸
드레싱이나 양념을 더해 한식, 양식 어느 요리와도 잘 어우러지는
샐러드와 냉채를 준비해 본다.

재료 (2인분)

콜리플라워 ·····················1/2개
로메인 상추 ·····················4잎
소금 ·························적당량
올리브오일 ·····················1큰술

복분자식초시럽

복분자식초 ·················4큰술
설탕 ·····················2큰술

1 콜리플라워는 한입 크기로 잘라 끓는 물에 소금을 약간 넣어서 데친
  다음 찬물에 헹군다.

2 로메인 상추는 3센티미터 크기로 자른 다음 얼음물에 5분 정도 담
  갔다가 물기를 뺀다.

3 냄비에 복분자식초와 설탕을 넣어서 끓으면 불을 약하게 해서 졸여
  시럽을 만들어 식힌다.

4 콜리플라워와 로메인 상추, 소금, 올리브오일을 넣어서 버무린 다음
  3의 복분자식초시럽을 뿌려서 낸다.

콜리플라워와 로메인 상추

콜리플라워는 미리 데친 다음 찬물에 꼭 헹궈야 매운맛과 아린 맛이 빠지면서 냄새도 나지 않는다. 서양식 상추인 로메인
상추은 줄기 쪽을 잘 씻어서 찬물에 5분 정도 담갔다가 물기를 뺀 뒤 냉장고에 보관하면 씹는 질감이 좋아진다. 로메인 상
추가 없으면 일반 상추로 대신한다.

복분자식초 콜리플라워샐러드

브로콜리처럼 꽃봉오리를 먹는 채소인 콜리플라워는 비타민과 식이섬유가 풍부해서 변비에 효과적이다.
칼로리가 낮아 다이어트에도 이용하고 탄수화물이 풍부해서 식사 대용으로도 좋다.
로마인들이 즐겼다는 로메인 상추로 감칠맛을 더하여 콜리플라워샐러드를 만들어 보자.

토마토식초 양상추샐러드

양상추는 칼슘과 비타민C가 풍부해 뼈를 형성하고 골다공증을 예방해 준다.
빨간 래디시는 조직이 부드럽고 소화를 도와서 샐러드의 맛과 색은 물론 건강까지 살려 준다.

재료 (2인분)

양상추 ·······················1/4통
치커리 ··························4잎
래디시 ···························2개
줄기콩 ···························4개
파마산치즈 ···················2큰술

토마토식초드레싱

┌ 토마토식초 과육 ·············4개
│ 바질 ·························2잎
│ 토마토식초 ················1큰술
│ 소금 ·························조금
│ 후추 ······················1/2작은술
│ 설탕 ························1큰술
└ 올리브오일 ·················2큰술

1 양상추는 한입 크기로 손으로 뜯고, 치커리도 잘라서 찬물에 5분 정도 담근 다음 물기를 뺀다.

2 래디시는 가능한 얇게 지며서 찬물에 담갔다가 물기를 빼고, 줄기콩은 끓는 물에 소금을 약간 넣어서 데친 다음 찬물에 헹궈서 3센티미터 크기로 자른다.

3 믹서에 토마토식초드레싱 재료를 넣어서 곱게 간다.

4 그릇에 양상추, 치커리, 래디시, 줄기콩을 담은 다음 3의 드레싱을 곁들이고 파머산피즈를 뿌려 낸다.

🍶 아삭아삭 양상추

양상추는 칼로 자르면 자른 면의 색이 변하기 때문에 손으로 뜯는 게 좋다. 한 잎씩 잘 떨어지지 않으므로 꼭지 부분을 탁자에 쳐서 느슨하게 만든 다음 한 장씩 떼어 낸다. 물에 오래 담가 두면 금방 시들고 물기를 뺀 다음 밀폐용기에 행주나 키친타월을 깔고 담으면 이틀 정도 보관이 가능하다.

브로콜리말린과일 초무침

비타민U가 많아 위장에 좋은 브로콜리에 비타민C와 베타카로틴이 풍부한 파파야와 망고, 살구를 더했다.
말린 과일은 햇볕에 말리는 동안 비타민D도 풍부해져서 항산화 작용도 한다.

재료 (2인분)

브로콜리 ·····················1/2개
말린 망고 ·····················4개
말린 파파야 ·····················4개
말린 살구 ·····················2개
화이트와인 ·····················2큰술
토마토식초 ·····················2큰술
소금 ·····················1/2작은술
참기름 ·····················1작은술
통후추 으깬 것 ·····················1작은술
파슬리 다진 것 ·····················1큰술

1 브로콜리는 2센티미터 크기로 자른 다음 끓는 물에 소금을 약간 넣어서 데치고 찬물에 헹궈서 물기를 뺀다.
2 말린 파파야, 망고, 살구는 1센티미터 정도 크기로 잘라서 화이트와인에 5분 정도 담근다.
3 볼에 브로콜리와 말린 과일을 넣고 토마토식초, 소금, 참기름, 후추, 파슬리 다진 것을 넣어서 무친 다음 그릇에 담아낸다.

말린 과일을 딱딱하지 않게

말린 과일은 상온에 보관하면 딱딱해지기 쉽기 때문에 밀봉한 다음 냉동 보관해야 장기간 보관이 가능하고 수분도 덜 날아 간다. 말린 과일이 너무 딱딱할 경우 와인에 불리거나 살짝 데우면 과일의 향을 그대로 유지하면서 부드러워 진다.

1 포도와 방울토마토는 씻어서 물기를 빼고 길이로 이등분한다. 단감은
  껍질을 벗기고 2센티미터 크기로 썬다.
2 사과는 껍질을 벗기고 2센티미터 크기로 썰고, 아몬드는 0.5센티미터
  크기로 썰어 둔다.
3 키위는 껍질을 벗기고 다른 드레싱 재료와 믹서에 넣어서 곱게 간다.
4 준비한 과일과 드레싱을 볼에 넣고 버무려서 그릇에 담고 그 위에 아
  몬드, 크랜베리 말린 것을 뿌려서 낸다.

크랜베리

크랜베리는 캐나다에서 많이 나는 과일로 오미자만큼이나 건강에 좋은
과일. 생으로는 수입이 되지 않고 말린 과일이나 주스로 수입되는데 대형
마트나 제과제빵 재료상에서 구할 수 있다. 크랜베리가 없으면 다른 말린
과일로 대신한다.

키위드레싱 과일샐러드

보기보다 비타민C가 엄청나게 풍부한 단감에는 떫은맛에서 나는 타닌도 많다.
타닌은 설사를 막는데 효과가 좋으니 변비가 있는 사람은 많이 먹지 않도록 조심!

유자초간장 문어초회

문어는 단백질과 타우린이 풍부해 혈액 내 콜레스테롤 수치를 떨어뜨리고, 간 해독에 좋아 술안주로
먹으면 숙취에 좋다. 문어를 삶을 때 타닌이 많은 녹차를 넣으면 선명한 색을 낼 수 있다.

재료 (2인분)

삶은 문어(작은 것) ·········· 1/2마리
미역 ································ 5g
오이 ···························· 1/2개
무순 ···························· 1/4팩
소금 ···························· 적당량

유자초간장

┌ 유자식초 ················ 2큰술
│ 간장 ····················· 4큰술
└ 가다랑어포 육수 ·········· 4큰술

1 문어는 한입 크기로 썰고, 미역은 불린 다음 1센티미터 폭으로 썬다.

2 오이는 끊어지지 않도록 반 정도만 칼집을 넣어 곱고 어슷하게 썰고, 돌려서 반
  대쪽도 끊어지지 않도록 썰어서 소금 1/2큰술을 뿌리고 10분 정도 절인다.

3 2의 절인 오이는 씻어서 물기를 털고 2센티미터 크기로 자른다. 무순도 씻어서
  물기를 뺀다.

4 간장, 가다랑어포 육수, 유자식초를 잘 섞어 유자초간장을 만든다. 그릇에 오이,
  문어, 미역, 무순을 담고 유자초간장을 얹는다.

🍶 가다랑어포

일본어로 가츠오부시라고 하는 가다랑어포는 참치의 일종인 가다랑어를 쪄서 나무토막처럼 단단하게 말린 다음 대패로
얇게 포를 뜬 것으로 일본 음식의 기본으로 쓰인다. 눅눅하지 않게 밀봉해서 보관하고, 육수를 낼 때는 끓는 물 1/2컵에 가
다랑어포 2큰술을 넣고 불을 끈 채로 5분간 우린 다음 체에 걸러 쓴다.

재료 (2인분)

죽순 ·················· 1개
새송이버섯 ·················· 1개
말린 표고버섯 ·················· 1개
셀러리 ·················· 1/2대
마른고추 ·················· 1개

배식초소스

┌ 배식초 과육 ·················· 60g
│ 소금 ·················· 조금
│ 설탕 ·················· 1/2큰술
│ 참기름 ·················· 1/2큰술
└ 후추 ·················· 1/4큰술

1 죽순은 끓는 물에 살짝 데친 다음 속의 흰 석회질을 긁어낸 후 곱게 편으로 썬다.

2 새송이버섯은 얇게 썰어서 데친 다음 식히고, 표고버섯은 뜨거운 물에 불린 다음 채를 썬다.

3 셀러리는 섬유질을 벗겨 내고 편으로 썰어서 끓는 물에 살짝 데친 다음 찬물에 헹군다.

4 배식초 과육의 껍질을 벗겨 믹서에 간 다음 설탕, 참기름, 소금, 후추를 넣어서 섞는다.

5 볼에 죽순, 버섯, 셀러리, 다진 마른 고추, 4의 배식초소스를 넣고 버무려 그릇에 담아낸다.

죽순과 버섯 손질법

생죽순은 소금이나 쌀뜨물에 데쳐서 아린 맛을 없애고, 통조림을 구입할 경우 결 사이에 있는 하얀 석회를 긁어낸 다음 다시 데쳐서 사용하는 것이 좋다. 버섯을 조리할 때 씻어서 하기보다는 먼지만 털어 내고 조리해야 향이 그대로 산다.

배식초소스 죽순버섯냉채

죽순에는 무기질과 섬유질이 풍부하지만 죽순의 수산은 많이 먹으면 결석을 유발할 수 있으므로 잘
삶아서 먹는다. 버섯은 면역력을 길러 주고 혈당을 떨어뜨려 다이어트와 당뇨에 좋은 식품이다.

포도식초고추장 구운두부강회

두부는 단백질과 지방이 풍부한 식품으로 소화, 흡수가 잘 되기 때문에
콩으로 섭취하는 것보다 영양분을 더 많이 섭취할 수 있다.
유기농 콩으로 만든 두부나 소포제나 유화제를 첨가하지 않은 두부면 더 좋다.

재료 (2인분)

두부 ·························· 1/2모
실파 ·························· 15줄기
달걀 ·························· 2기
홍고추 ························ 2개
소금 ·························· 적당량
식용유 ························ 1큰술

포도식초고추장

포도식초 ······················ 4큰술
고추장 ························· 1큰술
설탕 ·························· 1큰술
조청 ·························· 1큰술

1 두부는 0.5센티미터 두께, 2×4센티미터 크기로 자르고 소금을 뿌려서 수분을 뺀 다음 팬에 기름 1/2큰술을 두르고 노릇하게 굽는다.

2 실파는 뿌리를 떼어 내고 끓는 물에 데쳐서 찬물에 헹군다.

3 달걀은 황백으로 분리한 다음 얇게 지단을 부쳐서 1.5×3센티미터 크기로 자른다.

4 홍고추는 반을 갈라서 씨를 빼고 0.5센티미터 두께, 3센티미터 길이로 자른다.

5 1의 구운 두부를 깔고, 그 위에 지단, 홍고추를 올린 다음 실파로 묶고, 포도식초, 고추장, 설탕, 조청을 잘 섞어서 곁들여 낸다.

🍶 단단한 두부와 가지런한 미나리

두부에 소금을 뿌려 수분을 빼서 단단하게 한 다음 굽고 충분히 식혀서 묶는다. 실파는 색이 진한 줄기만 이용하는데 줄기 하나를 먼저 데쳐 나머지를 묶어서 데치면 가지런히 데칠 수 있다. 실파 대신 미나리를 사용해도 된다.

CHAPTER 06

식초로 맛 살린
간식과 음료

식초의 새콤한 맛을 살린 간식으로 입맛을 돋울 수도 있지만
다양한 과일식초로 과일의 향을 쉽게 빌릴 수 있다.
빵, 과자, 디저트에도 쉽게 활용할 수 있는 과일식초 요리.

건포도견과류 찜케이크

식이섬유, 칼륨, 철, 칼슘, 비타민D가 풍부한 건포도와
불포화 지방산, 단백질과 무기질이 많은 견과류가 만나 맛으로도 영양으로도 좋은 어린이 간식.

재료 (2인분)

박력분 밀가루	100g	건포도	1큰술
베이킹파우더	1작은술	해바라기씨	1큰술
달걀	1개	호박씨	1큰술
우유	1컵	다진 호두	1큰술
설탕	1큰술	소금	1/4작은술
포도식초	2큰술	아몬드 슬라이스	1큰술

1 밀가루와 베이킹파우더는 체에 내리고 달걀과 우유는 잘 섞는다.

2 달걀과 우유에 1의 밀가루를 넣어서 잘 섞은 다음 포도식초, 설탕, 건포
  도, 해바라기씨, 호박씨, 다진 호두를 넣어서 반죽한다.

3 머핀 틀 안에 유산지를 깔고 8부 정도로 2의 반죽을 채운 다음 아몬드
  슬라이스를 올려서 15분 정도 찐다.

포슬포슬 찜케이크

찜통에 김이 충분히 오른 다음 반죽을 넣어서 찌고, 찐 다음 바로 꺼내서 김을 날려야 케이크가 질어지
지 않는다. 베이킹파우더를 너무 많이 넣으면 쓴맛이 나면서 빵이 갈라지므로 주의한다.

블루베리식초시럽 과일빙수

단백질과 지방, 칼슘 등 무기질이 풍부한 우유. 유기산, 비타민이 풍부한 과일.
여기에 블루베리의 진한 맛이 담긴 식초시럽을 더해 영양과 맛이 다 모인 과일빙수.

재료 (2인분)

우유얼음 ·························500ml
키위 ·····························1/2개
파인애플 ··········2cm 두께 1토막
귤 ······························1/2개
포도 ······························5알
딸기 ·····························4개
장식용 과자 ···················약간
블루베리식초시럽
┌ 블루베리식초 ·············8큰술
└ 설탕 ·······················3큰술

1 우유는 밀폐 용기에 담아서 냉동한 다음 수저로 긁어서 빙수그릇에
  담는다.
2 냄비에 블루베리식초와 설탕을 넣고 약한 불에서 끓여 걸쭉한 시럽
  이 되면 내린다.
3 키위, 파인애플, 귤은 껍질을 벗기고 1센티미터 크기로 썰고, 포도,
  딸기는 깨끗이 씻는다.
4 1의 우유얼음 위에 과일을 얹고 블루베리식초시럽과 장식용 과자
  를 얹어서 낸다.

빙수기 없이 만드는 우유얼음 빙수

우유가 너무 단단하게 얼면 긁기가 힘드니 살짝 얼었을 때 수저나 포
크로 긁은 다음 다시 얼렸다가 긁어내면 입자가 부드럽고 고와진다.
또는 우유 팩째로 얼려서 강판에 갈면 쉽게 갈린다.

재료 (2인분)

오이 ·······················1/4개
양파 ·······················1/4개
감자 ·······················1/4개
삶은 달걀 ····················1개
삶은 옥수수알 ··············1큰술
플레인 요구르트 ···········100g
설탕 ·····················1/2큰술
소금 ·························조금
바게트 ·····················4조각
체다치즈 ·····················30g
블루베리식초시럽 ·······적당량
바질 ·························2잎

1 오이는 씻어서 길이로 반 잘라 얇게 저미고 소금 1/2작은술을 넣어 10분
  정도 절인 다음 물기를 뺀다.

2 양파도 곱게 채를 썰어서 소금 1/3작은술을 넣고 10분 정도 절인 다음
  물기를 뺀다.

3 감자는 껍질을 벗겨서 김이 오른 찜통에 넣고 20분 정도 찐 다음 으깨서
  식힌다.

4 삶은 달걀의 흰자는 다지고 노른자는 체에 걸러서 오이, 양파, 감자, 삶
  은 옥수수, 요구르트, 설탕, 소금을 넣고 버무린다.

5 바게트에 버무린 샐러드를 얹고 그 위에 체다치즈 간 것, 블루베리식초
  시럽, 바질을 얹어서 낸다.

🍶 포슬포슬 부드러운 샐러드

감자는 으깬 다음 충분히 식혀서 버무려야 요구르트의 맛이 살고 분리되지 않는다. 체에 거른 노른자를 위에 얹
어서 색을 내도 좋다. 오이, 양파는 절인 다음 충분히 짜서 물기를 빼야 질척거리지 않는다.

블루베리식초시럽 오픈치즈바게트

영양 많은 참치에 치즈의 칼슘을 더한 오픈바게트. 저칼로리, 저지방, 고단백 식품인 참치는 DHA가
풍부해서 두뇌에 좋고, 각종 아미노산이 풍부해서 간의 기능을 높여 준다. 풍부한 불포화 지방산은
콜레스테롤이 쌓이는 것을 막아 준다.

멜론식초시럽 아이스크림와플

벌집 모양의 과자 와플. 원래 벨기에 와플은 이스트를 넣고 만들어 담백하게 먹지만
미국식 와플은 베이킹파우더를 넣고 만들어 달콤하면서 진하게 즐긴다.
아이스크림, 생크림, 과일, 소시지, 햄 등 다양한 재료를 얹어서 먹을 수 있다.

재료 (2인분)

멜론	1/12통
파인애플	1토막
생크림	1컵
설탕	1작은술
아이스크림	2스쿱
포도씨오일	적당량

와플 반죽

우유	1컵
달걀	2개
박력분 밀가루	150g
베이킹파우더	1/2작은술
중탕한 버터	1/4컵
소금	1/4작은술

멜론식초시럽

멜론식초	2큰술
설탕	1/2컵
물	5큰술

1 우유와 달걀, 소금을 먼저 섞은 후 밀가루, 베이킹파우더, 버터를 넣고 잘 섞어서 체에 거른다.

2 와플기를 오일로 닦은 다음 1의 반죽을 부어서 구운 다음 식힌다.

3 멜론, 파인애플은 2센티미터 크기로 자른다.

4 냄비에 설탕과 물을 넣고 끓여 설탕이 다 녹으며 멜론식초를 넣어 멜론식초 시럽을 만든다.

5 생크림은 거품기로 쳐서 원뿔 모양이 될 정도로 단단해지면 설탕을 넣고 잘 섞어 휘핑크림을 만든다.

6 와플을 접시에 담고 아이스크림, 휘핑크림, 멜론, 파인애플을 얹고 멜론식 초시럽을 뿌려서 낸다.

바삭하고도 촉촉한 와플

와플은 반죽을 만든 다음 너무 오래 두었다가 구우면 바삭하지 않으므로 30 분 이내에 다 굽는 것이 좋다. 와플을 구운 다음 위아래 구멍이 뚫린 망에 식 혀야 겉면이 바삭하면서 속은 부드럽다. 가정에서는 전기로 된 와플기를 이용 하면 편한데, 와플기가 없다면 만들어진 와플을 사서 토핑하거나 팬에 핫케이 크를 구워 대신한다.

생크림 ·····················2컵
설탕 ·····················1작은술
바나나 ·····················2개
포도씨오일 ·····················약간

크레페 반죽
┌ 강력분 밀가루 ·············200g
│ 우유 ·····················3컵
│ 소금 ·····················1/3작은술
└ 달걀흰자 ·····················2개분

바나나식초시럽
┌ 메이플시럽 ·············1/2컵
└ 바나나식초 ·············2큰술

1 밀가루에 우유와 달걀흰자, 소금을 넣어서 잘 섞은 다음 체에 내려서 크레페 반죽을 만들고 냉장고에서 하루 정도 숙성시킨다.

2 팬에 기름을 잘 펴 바른 다음 1의 반죽을 한 국자씩 붓고 얇게 부쳐 크레페를 여러 장 만들어 식힌다.

3 생크림은 거품기로 잘 쳐서 원뿔모양이 되도록 단단해지면 설탕을 넣고 섞어 휘핑크림을 만들어 냉장고에 차게 둔다.

4 바나나는 껍질을 벗긴 다음 썰어 두고 바나나식초와 메이플시럽은 잘 섞어 바나나식초시럽을 만든다.

5 접시에 크레페 한 장을 깔고 휘핑크림을 바른 다음 바나나를 올리고 휘핑크림으로 덮은 다음 크레페 한 장을 올린다. 다시 휘핑크림, 바나나, 휘핑크림, 크레페 순으로 반복해서 차곡차곡 쌓은 다음 잘 붙도록 냉장고에서 4시간 정도 숙성시킨다.

6 5의 숙성시킨 케이크를 먹기 좋은 크기로 자른 다음 4의 바나나식초시럽을 얹어서 낸다.

🍶 메이플시럽

메이플시럽은 북미에서 자라는 사탕단풍나무의 수액을 농축한 시럽으로 달콤함과 향이 부드러워 핫케이크나 크레페에 끼얹어 먹는다. 시판되는 핫케이크 시럽이나 일반 시럽에는 메이플향, 바닐라향 등 합성향료와 캐러멜색소가 첨가된 경우가 많으니 주의한다.

바나나식초시럽 크레페케이크

얇게 구운 크레페 사이에 생크림을 채워 차곡차곡 쌓은 크레페케이크.
생크림의 수분이 크레페 속으로 스며들어 단단하게 붙으면 두툼한 케이크가 된다.

딸기브라우니

갈색이 도는 브라우니는 버터케이크와 쿠키 중간 정도의 부드러움을 가진 영국의 전통 과자.
코코아파우더나 초콜릿을 넣어 만들고 견과류나 과일로 장식한다.

재료 (2인분)

다크초콜릿	80g
포도씨오일	80g
박력분 밀가루	100g
코코아파우더	2큰술
베이킹파우더	1/3작은술
달걀	2개
설탕	3큰술
딸기식초	2큰술
소금	1/3작은술
말린 딸기	5큰술

1 볼에 다크초콜릿을 잘게 썰어 넣고 중탕한다. 초콜릿이 충분히 녹았으면 저어가면서 분량의 포도씨오일을 섞는다.

2 박력분, 코코아파우더, 베이킹파우더를 체에 친다.

3 달걀은 거품기로 풀면서 설탕을 세 번으로 나누어 넣고 크림색이 되도록 거품을 낸다.

4 달걀 푼 것에 1의 중탕한 초콜릿을 식혀서 넣고, 딸기 식초와 소금을 넣은 다음 2의 가루를 넣고 자르듯이 섞는다.

5 네모난 틀에 유산지를 깔고 4의 반죽을 넣은 다음 바닥에 두 번 내려쳐서 공기를 뺀다.

6 160~170℃의 예열된 오븐에 25~30분 정도 구운 다음 색이 나면 먼저 위쪽 불을 끄고 마저 익힌다.

7 다 구워진 브라우니는 위에 말린 딸기를 뿌린 다음 5분 정도 밖에 두었다가 틀에서 꺼내 먹기 좋은 크기로 자른다.

브라운 브라우니

반죽을 오븐에 넣기 전에 틀을 충분히 쳐서 공기를 빼지 않으면 공기층이 커져서 구운 뒤 평평한 모양을 유지하기 힘들다. 동결 건조한 말린 딸기는 제빵 재료상에서 구할 수 있는데, 넣지 않고 브라우니 자체의 맛을 즐겨도 좋다.

포도식초 상그리아

와인에 여러 가지 과일을 넣고 차게 즐기는 과일칵테일 상그리아는 '핏빛' 이란 뜻을 가진 스페인과
포르투갈의 전통음료. 탄산수나 브랜디, 트럼프 섹, 럼 등의 술을 넣기도 하고 오렌지, 딸기, 레몬, 포도 등
다양한 과일을 넣어 만든다.

재료 (2인분)

오렌지 ·····················1/2개
귤 ·························1/2개
포도알 ·····················1컵
레드와인 ···················1컵
시럽 ······················4큰술
포도식초 ···················4큰술
탄산수 ·····················1컵
소금 ······················적당량

1 오렌지, 귤은 껍질을 소금으로 문질러 씻은 다음 얇게 썬다.
2 포도알도 씻은 다음 이등분한다.
3 상그리아 병에 오렌지, 귤, 포도, 레드와인, 시럽, 포도식초, 탄산수를 넣어서
  냉장고에 보관한다.

싱싱한 과일을 그대로, 시원한 상그리아

귤이나 오렌지, 레몬 같은 껍질이 울퉁불퉁한 과일은 소금으로 문질러 속까지
씻어야 소독도 되고 이물질도 없앨 수 있다. 상그리아에 들어가는 과일들은 껍
질을 사용하기 때문에 깨끗하게 씻어야 한다.

키위라떼

우유의 단백질, 유지방, 칼슘과 키위의 비타민, 무기질이 서로 잘 어울리며 피로 회복에 좋은 음료.
라떼는 이탈리아어로 우유라는 뜻으로 우유를 따뜻하게 데우고 거품을 내면 부드러운 음료로 즐길 수 있다.

재료 (2인분)

우유 ·························2컵
키위 ·························1개
키위식초시럽
  키위식초 ···············2큰술
  꿀 ·····················4큰술

1 우유는 따뜻하게 약간 데운다.

2 키위는 껍질을 벗긴 다음 1센티미터 크기로 잘게 썬다.

3 키위식초와 꿀을 같이 끓인 후 식혀서 키위식초시럽을 만든다.

4 우유와 키위를 믹서에 넣고 곱게 간 다음 거품을 뺀 나머지를 컵에 따른 다음 위에 거품을 얹고 그 위에 키위식초시럽을 얹어서 낸다.

우유에 섞이 마시는 키위

우유에 식초를 그냥 넣으면 바로 층이 분리되면서 단백질의 응고가 시작된다. 이럴 때 설탕이나 꿀을 우유에 먼저 섞은 다음 식초를 넣으면 응고가 잘 되지 않는다. 꿀을 넣은 키위식초시럽을 넣어도 단백질 응고를 막을 수 있다.

석류식초시럽 요구르트슬러시

살짝 녹은 눈을 한입 마시는 것처럼 얼음의 입자가 곱고 부드러운 슬러시.
요구르트의 부드러움과 석류식초의 톡 쏘는 신맛이 어우러져 상큼하다.

재료

플레인 요구르트	200ml
우유	1컵
민트	2잎

석류식초시럽

석류식초	1/2컵
설탕	4큰술

1 석류식초와 설탕을 약한 불에서 조리듯이 끓인 후 식혀 석류식초시럽을 만든다.
2 요구르트와 우유는 얼린 다음 믹서에 넣고 곱게 갈아서 유리잔에 담는다.
3 2의 슬러시에 1의 석류식초시럽을 넣고 위에 민트 잎을 얹어서 낸다.

식초시럽 만들기

식초시럽을 만들 때 먼저 식초 1큰술과 설탕 4큰술을 섞어 약한 불에서 설탕을 녹인 다음 남은 식초를 넣어야 식초의 향이 사라지지 않는다. 너무 오래 끓이면 식초의 신맛이 적어질 수 있으니 주의한다.

바나나식초 두유

콩을 두 시간 이상 불려서 삶은 다음 믹서에 곱게 갈아서 고운체에 거른 두유. 콩의 단백질,
지질, 칼슘 등 영양분은 그대로 남으면서 콩보다 훨씬 소화가 잘 된다.

재료

바나나식초 과육	4조각
바나나식초	2큰술
시럽	4큰술
두유	2컵
얼음	적당량

1 바나나식초 과육, 바나나 식초, 시럽을 믹서에 넣고 곱게 간다.
2 1에 두유와 얼음을 넣고 한 번 더 갈아서 컵에 따라 낸다.

부드러운 두유

두유를 믹서로 갈 때 시럽을 먼저 넣어서 간 다음 바나나식초에 담갔던 바나나과육을 넣어서 갈면 부드러우면서 맛있는 두유가 된다. 얼음과 같이 넣어서 갈아도 되고, 따뜻하게 해서 마셔도 좋다.

블루베리식초 홍차

녹차잎을 발효시켜 만든 홍차는 잘 우리면 고운
붉은 색을 띤다. 타닌, 무기질, 비타민A, B1, B2,
C 등이 풍부하고 향이 좋아 피곤한 오후에 기분
전환으로 마시기에 참 좋다.

재료

얼그레이 홍차	2작은술
블루베리식초	2큰술
시럽	적당량
뜨거운 물	2컵

1 홍차는 찬물에 씻은 다음 뜨거운 물을 붓고 3분 정도
　우린다.
2 1의 홍차에 블루베리식초를 넣고 취향에 따라 시럽
　을 넣어서 마신다.

뜨겁게 우리는 홍차

홍차는 녹차와 달리 다기를 충분히 예열한 다음 물을
5분 이상 끓여서 뜨거울 때 바로 부어 3분 정도 우려야
떫은맛이 나지 않는다. 홍차에 식초를 넣으면 붉은 색
이 더 짙어진다. 빠르게 즐기려면 홍차 티백을 이용해
도 괜찮다.

유자식초차

유자는 제철인 10월 외에는 나오지 않기 때문에
설탕이나 꿀, 시럽에 재워 두고 먹는다. 비타민C,
유기산, 펙틴, 칼슘 등의 영양이 풍부해 유자차를
꾸준히 마시면 피로 회복에 좋고, 겨울철 감기
예방에도 도움이 된다.

재료

유자식초	2큰술
유자청	4큰술
물	3컵

1 냄비에 유자청과 물 3컵을 넣고 물의 양이 2컵이 되
　도록 약한 불에서 충분히 끓인다.
2 1의 유자차를 컵에 담고 유자식초를 넣어서 낸다.

유자 향을 더욱 강하게

유자는 잘 우려야 향이 강한데 찻잔을 따끈하게 데우
고 뜨거운 물을 부어서 우리거나, 유자청을 충분히 끓
여서 향을 우려낸 다음 유자식초를 넣어서 마시면 맛
과 향이 진하다.

복분자식초 타피오카화채

복분자식초에 물을 타서 간편하게 만드는 화채. 타피오카를 넣어 이국적인 분위기를 연출한다.
화채 맛이 순해지면서 타피오카의 씹히는 맛이 부드럽다.

재료

복분자식초	6큰술
배	40g
시럽	6큰술
물	2컵
타피오카	2큰술
얼음	적당량

1 배는 껍질을 벗기고 모양틀로 찍어서 얇게 저민 다음 설탕물에 담근다.

2 타피오카에 물 1큰술을 넣고 불린 다음 끓는 물에 넣어서 투명해지도록 5분 간 삶는다.

3 컵에 복분자식초, 시럽, 물을 넣어 잘 섞고 여기에 얼음, 1의 배와 식힌 타피 오카를 올려서 낸다. 기호에 따라 다양한 고명을 얹을 수 있다.

타피오카

타피오카는 열대지방에서 나는 카사바 뿌리의 녹말을 말린 것으로 깨찰빵도 만들고 포도당, 죽, 수프나 주정의 원료로도 쓴다. 타피오카는 물에 살짝 불린 다음 속이 투명해질 때까지 삶는데, 1/3 정도 익었을 때 불을 끄고 그대로 식혀도 되고, 완전히 삶은 다음 바로 헹궈서 써도 된다.

딸기식초 크랜베리소다

크랜베리는 이뇨 작용을 하여 체내 수분 균형을 유지해 준다.
신맛과 함께 떫은맛이 살짝 나는 크랜베리에 딸기식초로 새콤달콤 향을 더한 탄산음료.

재료

딸기식초 ······································2큰술
크랜베리주스 ································1컵
탄산수 ··1컵
시럽 ···3큰술
얼음 ···적당량

01 딸기식초, 크랜베리주스, 탄산수, 시럽을 넣
　　어서 잘 섞는다.
02 컵에 1의 소다를 붓고 얼음을 띄워서 낸다.

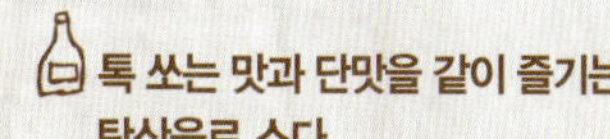

**톡 쏘는 맛과 단맛을 같이 즐기는
탄산음료 소다**
소다를 만든 다음 밀폐하지 않고 오래 두
면 탄산이 없어지기 때문에 먼저 다른 재
료들만 섞어 두었디 먹기 직전에 탄산수
를 섞어서 낸다.

믿고 살 수 있는 친환경 매장

현재 국내 친환경 농산물의 인증은 국립농산물품질관리원에서 '저농약', '무농약', '전환기', '유기농' 네 종류로 구분하여 시행하고 있다. 저농약이란 유기합성농약과 화학비료는 기준 사용량의 2분의 1을 사용하되 제초제는 전혀 사용하지 않고 재배한 것을 말하며, 무농약이란 화학비료는 기준량의 3분의 1을 사용하되 유기합성농약과 제초제를 사용하지 않고 재배한 것을 말한다. 전환기란 무농약 재배를 시작한 후 유기농 인증을 받기 전까지 이행 기간 중 재배한 것을 말하고, 유기농이란 일정 기간 화학비료와 유기합성농약을 사용하지 않고 재배한 것으로 식품첨가물을 넣지 않고 유전자조작 식품이 아닌 것을 말한다. 이러한 상품을 파는 친환경 매장으로는 어떤 곳이 있는지 정리해 보았다.

● 생활협동조합

소비자가 조합원으로 가입하여 함께 운영하는 형태로 일정 출자금과 조합비를 납부해야 이용할 수 있다. 대부분 인터넷으로 주문할 수 있고 일주일에 1회 배송되므로 홈페이지를 참고한다. 곡물, 채소, 과일, 축산물, 장·양념 반찬 등의 기본 품목은 모든 생협이 비슷하지만 가공식품이나 생활용품 등은 생협마다 조금씩 다르다.

한살림
02-3498-3600 www.hansalim.or.kr

한살림은 한 집에서 살림하듯 더불어 살자는 뜻. 가입비 3천 원과 출자금 3만 원을 내고 조합원으로 가입하면 제품을 구입할 수 있다. 100퍼센트 국내산을 판매하는 것을 원칙으로 한다. 생명, 생태, 공동체를 기치로 한살림 운동을 전개한다.

- **매장** 서울·경기 11곳, 기타 지역 14곳
- **방법** 지역생협 조합원으로 가입한 뒤 출자금과 가입비 납부(지역마다 회원 가입 절차가 약간씩 다름)
- **배송** 지역매장별 주 1회 공급(주문 마감일 제도)
- **품목** 기본 품목＋두부·어묵·묵／수산·건어물／떡·빵·잼／면·만두·피자／건강식품·꿀／차·음료·유제품／과자·빙과／화장품／생활용품

아이쿱생협(구. 한국생협연대)
1577-0178 www.icoop.or.kr

지역주민운동으로 출발한 부평생협을 모태로 1997년 경인지역생협연대를 출범한 뒤 현재 한국생협연구소를 비롯해 지역생협활동을 지원하기 위한 생협연합회와 유기농 도매시장을 운영한다.

- **매장** 매장 서울 8곳, 경기 16곳, 기타 지역 41곳
- **방법** 지역생협 조합원으로 가입한 뒤 출자금과 조합비 납부(지역마다 조합비와 가입 절차가 약간씩 다름)
- **배송** 날마다 오후 11시 주문 마감 뒤 3일 내 배송
- **품목** 기본 품목＋신선 가공식품＋차·음료／수산물／건재／간식거리／건강식품／면·만두／친환경생활용품

두레생협연합회
02-3283-7290 www.dure.coop

'생협수도권연합회'를 모태로 출발. 2004년 '지역생명운동'이라는 새로운 정체성을 확립하고 '두레생협'으로 개칭했다. 생산이력시스템을 갖추고 있어 각 상품의 생산지, 생산자, 생산과정을 확인할 수 있다.

- **매장** 서울 12곳, 경기 29곳
- **방법** 지역생협에 가입한 뒤 출자금과 가입비 납부
- **배송** 지역 매장별 주 1회 공급(주문 마감일 제도)
- **품목** 기본 품목 + 가공식품 / 일일식품 / 차 · 음료 / 건강식품 / 생활용품 / 여름 기획 / 수산 · 건어물

정농생협
02-404-6247 www.jungnong.com

농민들의 모임인 정농회가 기반이 되어 운영되는 생활협동조합. 우리나라 조직적 유기농법 실천의 첫 출발점. 기존 4단계 인증을 넘어 물품에 따라 6~8단계로 기준 설정(비닐 멀칭, 퇴비의 질, 질산염, 종자, 경력 등을 종합적으로 고려).

- **매장** 매장 서울 5곳
- **방법** 조합원으로 가입한 뒤 출자금과 가입비 납부(기본 교육 이수해야 함)
- **배송** 주 3회 공급(주문 마감일 제도)
- **품목** 기본 품목 + 두부 · 어묵 / 면 · 간식 / 가부늠식 · 떡국 / 차 · 음료 / 건강보조식품 / 생활용품 / 화장품 / 천연염색 / 수산 / 건어물

콩세알을 심는 농부(풀무생협)
070-7764-9283 www.kongseal.com

6백여 명의 친환경 생산자가 주축이 되어 만든 온라인 유기농 유통매장. 오프라인 매장은 없다. 일반회원으로 가입한 뒤 이용할 수 있다. 생산지가 홍성군 홍동면 일대에 밀집되어 있다.

- **매장** 없음
- **방법** 일반회원으로 가입한 뒤 이용 가능
- **배송** 당일 오후 10시까지 입금 확인 뒤 2일 내 배송
- **품목** 기본 품목 + 가루식품 / 간식 · 면 / 차 · 음료 / 건강식품 / 환경생활용품

여성민우회생협
02-581-1675 www.minwoocoop.or.kr

한국여성민우회가 주체로 농업 · 환경 · 지역 살리기 활동을 펼쳐 왔다. 지역주민과 조합원을 대상으로 환경, 친환경 소비, 식품안전, 요리, 건강 등 강좌와 생산지 견학 및 요리, 노래, 책읽기, 영화, 생태목공 등 소모임, 생산자 1일 점장제, 여성생산자, 소비자 교류회 등을 운영한다.

- **매장** 서울 · 경기 12곳, 기타 지역 1곳
- **방법** 조합원으로 가입한 후 출자금과 가입비 납부
- **배송** 주 1회 공급(주문 마감일 제도)
- **품목** 기본 품목 + 우리밀제품 / 건강식품 / 환경생활용품 / 수산 · 건어물 / 차 · 음료

인드라망생협
02-576-1882 www.budcoop.com

도농 공동체운동을 통한 도시와 농촌의 친환경농산물 직거래를 구상하고 불교귀농학교를 수료한 동문들이 전국 각지에서 생산한 생산물을 공급한다.

- **매장** 전국 사찰 4곳
- **방법** 조합원으로 가입한 뒤 출자금과 가입비 납부
- **배송** 월요일 주문 마감 / 매주 목요일 발송
- **품목** 기본 품목 + 일일식품 / 간식 / 친환경생활용품 / 수산물 / 우리밀제품 / 건강식품

예장생협
02) 426-5801, 5803~4 www.yj-coop.or.kr

농촌과 도시, 자연과 인간이 함께 더불어 살아가는 건강한 세상을 이루기 위해 도시와 농촌의 크리스찬들이 손을 잡고 만든 생명공동체이다. 생활재를 받기 3일 전 오후 6시까지 인터넷이나 전화로 주문하면, 지역별로 편성된 공급요일에 배송된다.

- **매장** 없음
- **방법** 조합원으로 가입한 뒤 출자금 납부
- **배송** 주 1회 공급(서울 및 수도권), 지방은 택배
- **품목** 기본 품목 + 신선식품 / 일반 가공품 / 수산물생선류 / 생활용품 / 여름생활재 / 선물용생활재 / 급식용

새콤달콤 입맛 살리는

과일식초 건강요리 49가지

펴낸날	초판 1쇄 2009년 10월 5일
	초판 3쇄 2013년 5월 15일

지은이	김외순
펴낸이	심만수
펴낸곳	(주)살림출판사
출판등록	1989년 11월 1일 제9-210호

주소	경기도 파주시 문발동 522-1
전화	031-955-1350　　팩스　031-955-1355
홈페이지	http://www.sallimbooks.com
이메일	book@sallimbooks.com

ISBN	978-89-522-1263-4　13590

※ 값은 뒤표지에 있습니다.
※ 잘못 만들어진 책은 구입하신 서점에서 바꾸어 드립니다.